环保公益性行业科研专项经费项目系列丛书

啤酒制造业污染防治最佳可行技术的评估

薛洁　王家廉　何勇　等 编著

中国环境科学出版社 · 北京

图书在版编目（CIP）数据

啤酒制造业污染防治最佳可行技术的评估/薛洁等编著.
—北京：中国环境科学出版社，2012.2
（环保公益性行业科研专项经费项目系列丛书）
ISBN 978-7-5111-0846-3

Ⅰ.①啤… Ⅱ.①薛… Ⅲ.①啤酒工业—污染防治—技术评估 Ⅳ.①X797

中国版本图书馆 CIP 数据核字（2011）第 279717 号

责任编辑 曹靖凯
责任校对 唐丽虹
封面设计 何 为

出版发行 中国环境科学出版社
（100062 北京东城区广渠门内大街 16 号）
网 址：http://www.cesp.com.cn
电子邮箱：bjgl@cesp.com.cn
联系电话：010-67112765（编辑管理部）
010-67175507（科技标准图书出版中心）
发行热线：010-67125803，010-67113405（传真）
印装质量热线：010-67113404
印 刷 北京东海印刷有限公司
经 销 各地新华书店
版 次 2012 年 2 月第 1 版
印 次 2012 年 2 月第 1 次印刷
开 本 787×1092 1/16
印 张 9
字 数 205 千字
定 价 22.00 元

《啤酒制造业污染防治最佳可行技术的评估》

编委会

主　　编：薛　洁

副 主 编：王家廉　何　勇

参编人员：王异静　杜晓雪　乔寿锁　刘文仲　秦人伟　杜绿君

总 序

我国作为一个发展中的人口大国，资源环境问题是长期制约经济社会可持续发展的重大问题。党中央、国务院高度重视环境保护工作，提出了建设生态文明、建设资源节约型与环境友好型社会、推进环境保护历史性转变、让江河湖泊休养生息、节能减排是转方式调结构的重要抓手、环境保护是重大民生问题、探索中国环保新道路等一系列新理念新举措。在科学发展观的指导下，“十一五”环境保护工作成效显著，在经济增长超过预期的情况下，主要污染物减排任务超额完成，环境质量持续改善。

随着当前经济的高速增长，资源环境约束进一步强化，环境保护正处于负重爬坡的艰难阶段。治污减排的压力有增无减，环境质量改善的压力不断加大，防范环境风险的压力持续增加，确保核与辐射安全的压力继续加大，应对全球环境问题的压力急剧加大。要破解发展经济与保护环境的难点，解决影响可持续发展和群众健康的突出环境问题，确保环保工作不断上台阶出亮点，必须充分依靠科技创新和科技进步，构建强大坚实的科技支撑体系。

2006 年，我国发布了《国家中长期科学和技术发展规划纲要（2006—2020 年）》（以下简称《规划纲要》），提出了建设创新型国家战略，科技事业进入了发展的快车道，环保科技也迎来了蓬勃发展的春天。为适应环境保护历史性转变和创新型国家建设的要求，原国家环境保护总局于 2006 年召开了第一次全国环保科技大会，出台了《关于增强环境科技创新能力的若干意见》，确立了科技兴环保战略，建设了环境科技创新体系、环境标准体系、环境技术管理体系三大工程。五年来，在广大环境科技工作者的努力下，水体污染控制与治理科技重大专项启动实施，科技投入持续增加，科技创新能力显著增强；发布了 502 项新标准，现行国家标准达 1 263 项，环境标准体系建设实现了跨越式发展；完成了 100 余项环保技术文件的制修订工作，初步建成以重点行业污染防治技术政策、技术指南和工程技术规范为主要内容的国家环境技术管理体系。环境科技为全面完成“十一五”环保规划的各项任务起到了重要的引领和支撑作用。

为优化中央财政科技投入结构，支持市场机制不能有效配置资源的社会公益研究活动，“十一五”期间国家设立了公益性行业科研专项经费。根据财政部、科技部的总体部署，环保公益性行业科研专项紧密围绕《规划纲要》和《国家环境保护“十一五”科技发展规划》确定的重点领域和优先主题，立足环境管理中的科技需求，积极开展应急性、培育性、基础性科学研究。“十一五”期间，环境保护部组织实施了公益性行业科研专项项目 234 项，涉及大气、水、生态、土壤、固废、核与辐射等领域，共有包括中央级科研院所、高等院校、地方环保科研单位和企业等几百家单位参与，逐步形成了优势互补、团结协作、良性竞争、共同发展的环保科技“统一战线”。目前，专项取得了重要研究成果，提出了一系列控制污染和改善环境质量技术方案，形成一批环境监测预警和监督管理技术体系，研发出一批与生态环境保护、国际履约、核与辐射安全相关的关键技术，提出了一系列环境标准、指南和技术规范建议，为解决我国环境保护和环境管理中急需的成套技术和政策制定提供了重要的科技支撑。

为广泛共享“十一五”期间环保公益性行业科研专项项目研究成果，及时总结项目组织管理经验，环境保护部科技标准司组织出版“十一五”环保公益性行业科研专项经费项目系列丛书。该丛书汇集了一批专项研究的代表性成果，具有较强的学术性和实用性，可以说是环境领域不可多得的资料文献。丛书的组织出版，在科技管理上也是一次很好的尝试，我们希望通过这一尝试，能够进一步活跃环保科技的学术氛围，促进科技成果的转化与应用，为探索中国环保新道路提供有力的科技支撑。

中华人民共和国环境保护部副部长

吴晓青

2011 年 10 月

前 言

为贯彻落实《国家中长期科学和技术发展规划纲要（2006—2020 年）》、《国务院关于落实科学发展观　加强环境保护的决定》和原国家环保总局《关于增强环境科技创新能力的若干意见》，建立国家环境技术管理体系，为节能减排和环境保护目标的实现提供强有力的技术支撑，使我国环境污染防治和生态保护的成果引导环境技术和环保产业的发展，促进经济、社会与环境协调发展和可持续发展战略，2009 年环境保护部下达了“啤酒制造业污染防治技术评估体系研究”的研究任务。中国食品发酵工业研究院、天津市环境科学研究院联合成立课题组承担该项目的研究工作。

啤酒制造业作为我国食品工业的重要组成部分，产业规模大、经济贡献率高，优势明显，在我国食品工业中占有重要的地位；但啤酒制造业存在企业数量多、分布广、工业用水和废水排放总量大、物耗较高、综合效益低等问题。为了引导啤酒行业可持续发展，国家颁布了一系列与啤酒制造业污染防治、清洁生产有关的标准，但要达到标准规定的相关指标和要求，必须要有相对应的污染综合防治技术作支撑。因此，制定一套完善的啤酒行业污染综合防治技术评估体系是完全必要的。

《啤酒制造业污染防治最佳可行技术的评估》共分 5 章，分别为啤酒工业发展现状；啤酒制造业污染物的产生与排放控制；啤酒制造业污染防治技术的应用现状；评估体系的研究与建立及啤酒制造业污染防治最佳可行技术的筛选和评估。本书综合多门传统学科知识，内容大概涉及数学、生物、经济、生态学和专业技术等领域，为读者提供了广阔的知识空间。但是由于作者能力和时间有限，所以书中难免有不足之处，期望将来继续发展、完善，并期待读者提供啤酒制造业污染防治技术评估方面的建议。

目　录

第 1 章　啤酒工业发展现状

1.1 世界啤酒产业现状及发展趋势

啤酒是目前国际上消费量最大的酒类饮料，从 2003 年到 2007 年，全球啤酒产量以年均 4.8%的增长率连续稳步增长，但受全球经济危机的影响，2008 年增长率下降到了 1.6%（见图 1-1），当年全球啤酒产量为 1.8 亿千升。目前全球有 169 个国家生产啤酒，产量最大的五个国家依次为中国、美国、俄罗斯、巴西和德国。

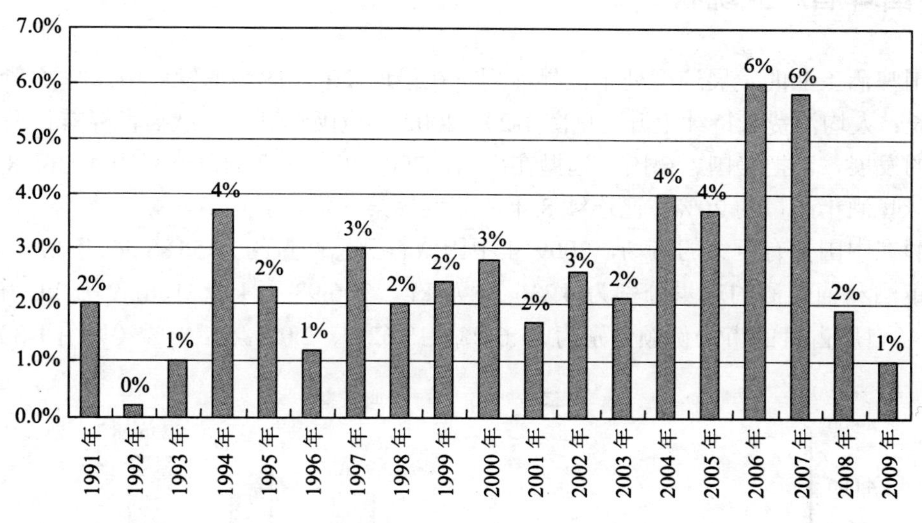

图 1-1　全球啤酒产量的增长图

近几年欧洲的啤酒产量不断下降，但亚洲和美洲的产量却在不断增加（见表 1-1），2009 年亚洲啤酒消费量占到全球总量的 31.7%，而欧洲占 30.8%。其中，引领亚洲增长的无疑是中国和印度两大市场。2009 年亚太地区啤酒消费总额约为 1 336.5 亿美元。到 2012 年，有望增至 1 441.5 亿美元，到 2014 年将达到 1 566.2 亿美元。中国已发展成为全球最大的啤酒消费国，未来无疑将继续保持快速增长。

但是，随着啤酒工业全球化的发展，各国啤酒企业为求得生存和发展，积极寻找战略合作伙伴，出现了一些国际化大公司，2008 年四大啤酒集团：英博-百威、米勒、喜力和嘉士伯，大约占全球啤酒销售量的 40%，而在 2004 年百威、英博、米勒和喜力等大型啤酒企业却只占市场份额的 33%。

表 1-1 2008 年世界啤酒产量前 10 名企业

排名	公司名称	产量/万 kL
1	英博-百威	3 575
2	米勒	1 508
3	喜力	1 278
4	嘉士伯	986
5	中国华润	531
6	Modelo	480
7	中国青岛	458
8	墨尔森康胜	456
9	燕京	391
10	FEMSA	385

1.2 中国啤酒产业现状

中国啤酒工业的发展速度处于世界前列，在最近 20 年的快速发展中，啤酒产量持续稳定增长；人均消费量持续上升（见图 1-2）。2002 年我国啤酒产量跃居世界首位后，经过近几年的发展，已把美国、德国远远抛在后面，2009 年我国啤酒总产量为 4236.38 万 kL，约占全球啤酒年产量的 20%，已连续 8 年位居世界第一位。

啤酒在中国拥有巨大的市场，2009 年中国饮料酒总产量约为 5188.56 万 kL。啤酒、白酒、黄酒和葡萄酒的产量分别为 4236.38 万 kL、706.93 万 kL、106.29 万 kL 和 96.00 万 kL，各自所占有的市场份额分别为 81.64%、13.62%、2.04%、1.85%（见图 1-3）。

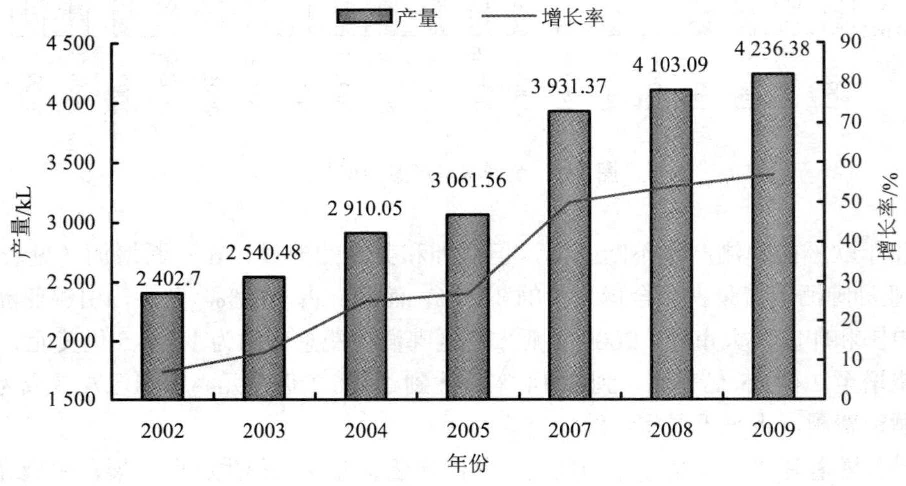

图 1-2 2002—2009 年我国历年啤酒产量图

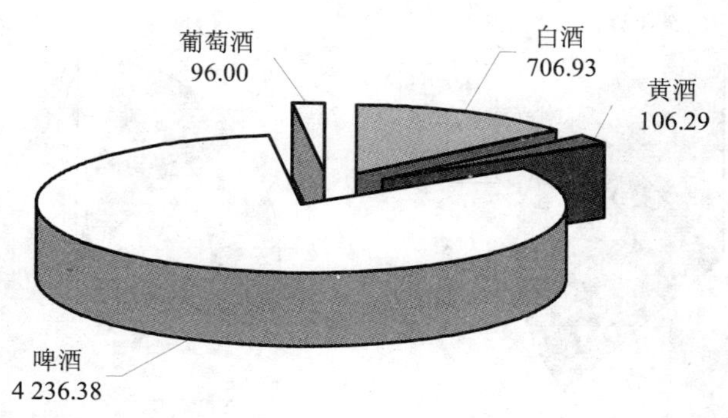

图 1-3　2009 年中国饮料酒的产量构成（kL）

近几年啤酒产品销售收入稳定提高（见图 1-4），税金、利润总额随产量增长有较大增幅，但单位产品效益指标提升缓慢。另外，由于原料和能源价格的不断攀高，啤酒的生产成本受到影响，但是由于新技术逐渐推广应用，管理水平的逐步提高，啤酒行业消耗指标不断降低，行业仍将持续稳步发展。

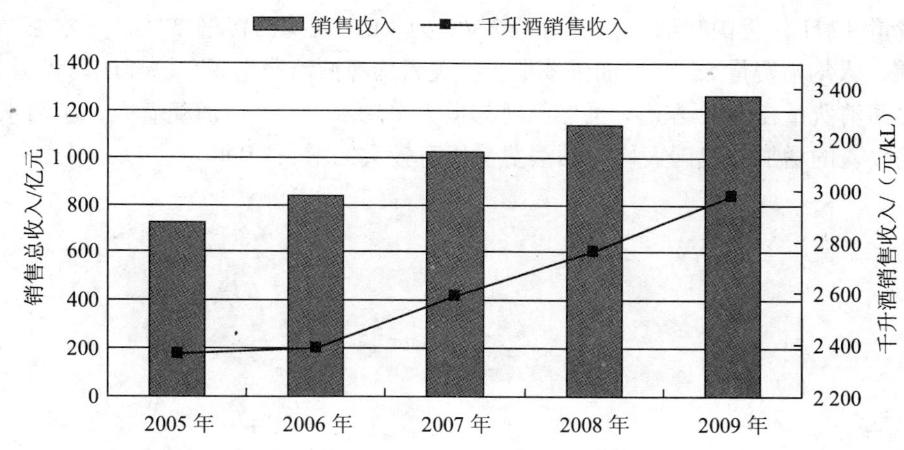

图 1-4　2005—2009 年啤酒产品销售收入变化趋势图

啤酒行业是一个开放程度较高的行业，从 20 世纪 80 年代末 90 年代初以来，西方各国数十个著名的啤酒品牌涌入中国。据统计，有 60 家 5 万 kL 以上的重点啤酒厂搞了合资，合资企业的啤酒产量已占全国产量的 31%。近几年，中国啤酒制造业兼并重组不断，产能持续扩张，兼并和新建工厂扩张规模是业内企业发展的最主要形式。2009 年，我国啤酒行业规模以上企业总计 593 家，其中大型企业 13 家，中型企业 239 家，小型企业 341 家（见图 1-5、图 1-6）。

啤酒行业存在地域分布的不均衡性，我国啤酒企业主要分布在沿海发达地区，在 593 家啤酒生产企业中，有 229 家企业分布在华东 5 省，而有 124 家企业分布在我国中南地区，2009 年这两个地区的啤酒产量分别占到啤酒总产量的 31.6%和 31.03%。

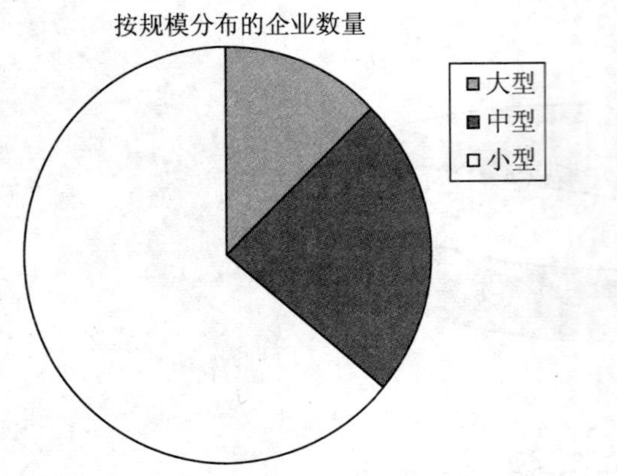

图 1-5 啤酒企业按规模分布情况

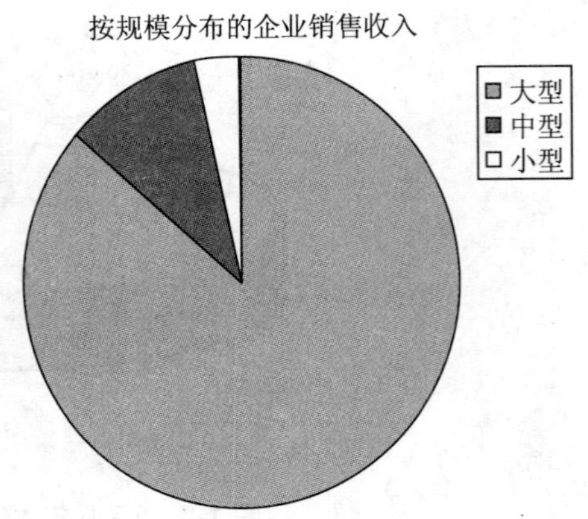

图 1-6 啤酒企业销售收入情况

由于人均消费量比较低，我国啤酒仍有很大的发展空间。从世界范围看，发达国家啤酒的人均消费量增长缓慢，而在经济增长较快地区，如东欧和中国的啤酒需求量和产量增长速度远远高于世界平均增长速度，增速比发达国家高 3%。2007 年世界啤酒产量约为 15730 万 kL，其中欧洲仍然是世界最大的啤酒消耗地区，西欧啤酒年产量约为 3000 万 kL，人均消费量 127L，美国啤酒年产量约为 2300 万 kL，人均消费量 77L，日本啤酒年产量 710 万 kL，人均消费量 85.7L，而俄罗斯、拉美人均啤酒消费量在 30～40L。我国 2007 年的人均啤酒消费量在 30L 左右，虽然已经与世界平均水平持平，但随着人民生活水平的提高和农民收入的增加，我国人均啤酒消费量仍有较大的增长空间。

第 2 章　啤酒制造业污染物的产生与排放控制

2.1 啤酒制造业污染特点和污染负荷总量削减

2.1.1 啤酒制造业的环境污染特点

啤酒生产是指以麦芽（包括特种麦芽）、水为主要原料，加啤酒花（包括酒花制品），经酵母发酵酿制含有 CO_2 的、起泡的、低酒精度发酵酒的过程。

啤酒生产原料一般包括大麦麦芽、辅料、酒花、水和酵母。

啤酒的生产过程根据不同国家、啤酒种类、酿酒设备和国家法律的不同会有所不同，但主要过程基本是一致的：

● 麦汁制备→● 啤酒发酵→● 啤酒包装

啤酒生产工艺流程及产污环节见图 2-1。

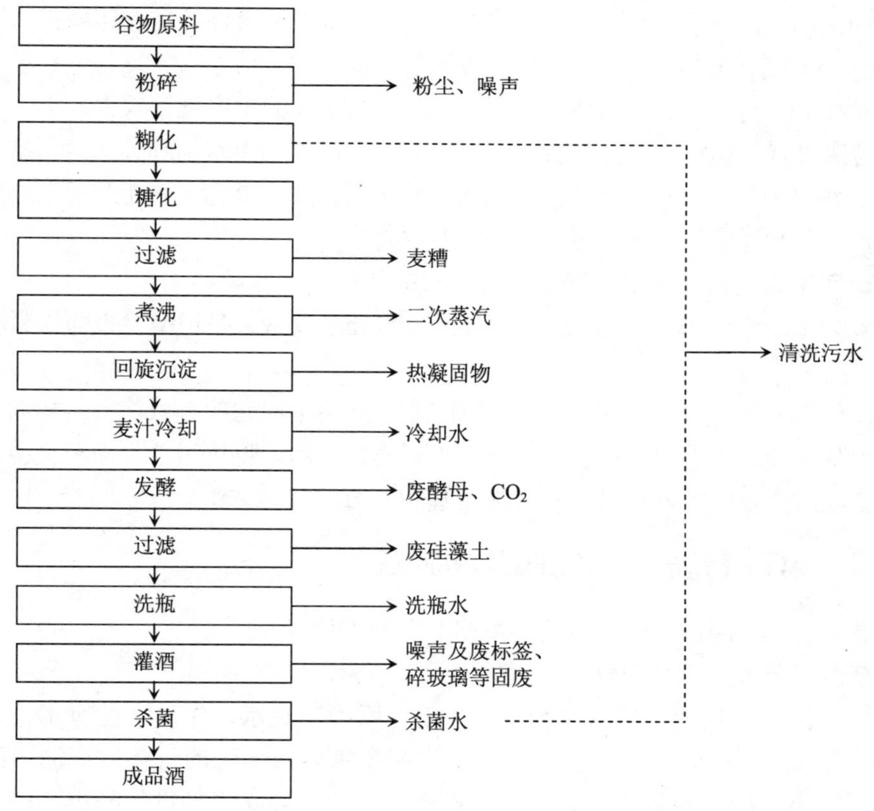

图 2-1　啤酒生产工艺流程及产污环节

由图 2-1 可见啤酒行业的主要污染物是废水、废气、废渣。啤酒生产过程中，每道工序都会有废水排出；固体废弃物包括热冷凝固蛋白、废酵母泥、废硅藻土、废麦糟和粉尘等；啤酒生产过程中产生的废气主要有发酵过程中产生的 CO_2 和锅炉废气等。

2.1.2 我国啤酒工业环境污染防治存在的问题

虽然近年来啤酒企业在“节能、降耗、减污”方面取得了显著成绩，但通过调研发现，我国啤酒工业在污染治理方面存在以下问题：

（1）啤酒企业生产水平近几年有较大提高，但仍然落后于国际水平。

大多数工厂使用国产设备，还有部分中小啤酒厂仍在使用 20 世纪 80 年代的陈旧落后设备，能耗大、手工操作多，还影响产品质量。煮沸锅基本都为传统式，操作时间长，加热效率低。氨直接冷却法应用范围较小，多数仍采用冷媒冷却，冷却效率低。虽普遍采用硅藻土过滤机，但过滤能力低，酒损和水耗大。膜过滤尚未普遍使用，先进的错流过滤刚开始试验。啤酒包装线生产能力低，巴氏灭菌采用隧道式喷淋杀菌机，能耗高。老啤酒厂几乎都没有完善的水和副产物回收利用系统，综合利用也缺少成熟工艺设备的支持，造成我国啤酒生产的资源消耗指标相对较高，污染物排放量大。我国啤酒企业应加大对规模效益的生产经营模式和末端治理的污染控制方式等方面的重视。

（2）废水量大，啤酒生产耗水量大，水的循环利用率不理想。

我国啤酒企业平均吨酒耗水与世界先进水平有相当大的差距。另外，我国啤酒企业“三废”排放量较大，每生产 1kL 啤酒就向环境外排 2.5～10t 废水，同时产生大量酒糟、废酵母、炉渣、硅藻土等废渣及 CO_2 和锅炉废气，这些不仅给自然生态环境带来巨大的污染风险，也给啤酒企业在治污方面带来了较重的经济负担。

（3）废水是啤酒企业最大的环境问题，由于啤酒企业的生产规模较大，集中排出大量废水，容易造成有机物污染，虽然目前已有很多成熟的啤酒废水治理技术，但缺点明显。

①投资费用大，一个年产 5 万 t 啤酒的企业需要耗资 350 万～400 万元来筹建污水处理厂。并且随生产规模的扩大，污水处理投资也将增大。

②运转费用高，每吨污水处理成本在 1 元左右。

③企业以追求经济效益为最大目的，啤酒废水处理设备总是根据检查的松紧程度时开时停。

因而，单纯进行“末端治理”不是控制啤酒企业污染问题的有效途径，啤酒企业的污染防治必须从污染源头着手，使资源、能源得到充分利用，将排污量削减至最少，因此要运用啤酒工业的污染防治推行过程和末端治理相结合的处理方法。

2.1.3 啤酒工业贯彻清洁生产方针的进展和问题

根据调研情况，啤酒企业存在的环境问题有如下特点：

（1）产污环节多，而且分散。

啤酒厂的污染物包括：废水、废气、废渣、噪声。废水：生产工艺废水、洗涤水、冷却水等；废气：锅炉废气、CO_2、干燥过程和废水处理产生的气体；废渣：酒糟、废酵母、废硅藻土、废包装材料、炉渣等；噪声：运输车辆噪声、设备噪声（压缩机、冷却塔等）。

（2）排放的污染物无毒、无害，绝大部分可回收利用。

（3）废水量大，啤酒生产耗水量大，水的循环利用率不理想，生产 1 kL 啤酒用水 4～12 t。

（4）综合废水 pH 值 4.0～9.5，COD 浓度在 1 000～1 500 mg/L，BOD 浓度在 600～900 mg/L，悬浮固体含量高达 650 mg/L，属于高浓度有机废水。

因此，环保部推出了《啤酒制造业清洁生产标准》，该标准是一个指导性标准，可用于啤酒制造企业的清洁生产审核和清洁生产潜力与机会的判断，以及企业清洁生产绩效评定和企业清洁生产绩效公告制度。

清洁生产标准根据当前行业技术、装备水平和管理水平而制定，共分为三级，一级代表国际清洁生产先进水平，二级代表国内清洁生产先进水平，三级代表国内清洁生产基本水平。

根据清洁生产的一般要求，清洁生产原则上分为六类指标，表 2-1 列出了与环境污染控制有关的指标要求。

表 2-1　啤酒行业清洁生产部分指标

项　目	一级	二级	三级
一、资源、能源利用指标			
1．原辅材料的选择	生产啤酒的主要原料麦芽、辅料和酒花符合有关标准。使用的助剂或添加剂符合 GB 2760 标准，应对人体健康没有任何损害		
2．能源	使用清洁能源，燃煤含硫量符合当地环保要求		
3．洗涤剂	清洗管道和容器的洗涤剂不含任何对人体有害和对设备有腐蚀作用的物质		
4．取水量/（m^3/kL）	≤6.0	≤8.0	≤9.5
5．标准浓度 11°P 啤酒耗粮/（kg/kL）	≤158	≤161	≤165
6．电耗/（kW·h/kL）	≤85	≤100	≤115
7．耗标煤量/（kW·h/kL）	≤80	≤110	≤130
8．综合能耗/（kg/kL）	≤115	≤145	≤170
二、污染物产生指标（末端处理前）			
1．废水产生量/（m^3/kL）	≤4.5	≤6.5	≤8.0
2．COD_{Cr} 产生量/（kg/kL）	≤9.5	≤11.5	≤14.0
3．啤酒总损失率/%	≤4.7	≤6.0	≤7.5
三、废弃物回收利用指标			
1．酒糟回收利用率	100%回收并加工利用（加工成颗粒饲料或复合饲料等产品）	100%回收并利用（直接作饲料等）	
2．废酵母回收利用率	100%回收并加工利用（生产饲料添加剂、医药、食品添加剂等产品）	100%回收并利用（直接作饲料等）	
3．废硅藻土回收处置率	100%回收并妥善处理（填埋等），不直接排入下水道或环境中		
4．炉渣回收利用率	100%回收并利用	100%回收并妥善处理	
5．CO_2（发酵产生）回收利用率	回收并利用所有可回收的 CO_2	50%以上回收并利用	

2010 年 2 月，国家发改委发布了《啤酒行业清洁生产技术推行方案》，对 2012 年啤酒工业的环境控制提出了明确目标，方案中这样规定：到 2012 年，在啤酒产量增长率保持年均 5%的前提下（产量达到 4500 万 kL），啤酒工业主要消耗指标分别降低 2%以上，即单位产品耗粮由（折算 11°P）157 kg/kL，降低到 150 kg/kL：可年节粮约 60 万 t；单位产品取水由 6.5 m^3/kL 降低到 6.0 m^3/kL，节水约 2.4 亿 m^3；单位产品耗电由 82 kW·h/kL 降低到 79 kW·h/kL，节电约 14.6 亿 kW·h；单位产品耗标煤由 70 kg/kL 降低到 63 kg/kL，节标煤约 30 万 t；单位产品废水、污染物产生量和排放量降低 5%，在啤酒产量增长率不超过 5%的前提下，做到增产减污，单位产品废水产生量由 4.5 m^3/kL 降低到 4.3 m^3/kL，单位产品 COD 产生量由 9.5 kg/kL 降低到 9.0 kg/kL，单位产品 BOD 产生量由 5.7 kg/kL 降低到 5.5 kg/kL，单位产品废水排放量由 4.0 m^3/kL 降低到 3.8 m^3/kL，即啤酒工业废水年排放总量不超过 2.1 亿 m^3，少产生 COD 1.5 万 t，少产生 BOD 6000 t，减排 COD 3000 t，减排 BOD 3000 t。

为了实现该目标，本项目通过对我国啤酒制造业污染防治现状的调研分析，对啤酒制造业主要环境问题即水污染、固体废弃物污染和大气污染防治技术进行评估，选出适合行业发展的最佳可行技术。

2.2 水污染物的产生与排放控制

2.2.1 水污染物的主要产生环节

啤酒生产用水可以分为“产品用水”和“辅助用水”两部分，“辅助用水”是节约用水与水回收再利用的主要内容。理论上解释，生产 1 kL 啤酒只需要 1.1～1.2 m^3 左右的酿造用水（包括工艺损耗），其他都是辅助用水，这些水将以废水和蒸汽的形式外排，因此要想节水减排必须考虑如何降低辅助用水的消耗量、如何回收水以及如何进行水资源的再利用等问题。

啤酒企业的水输入、输出见图 2-2。

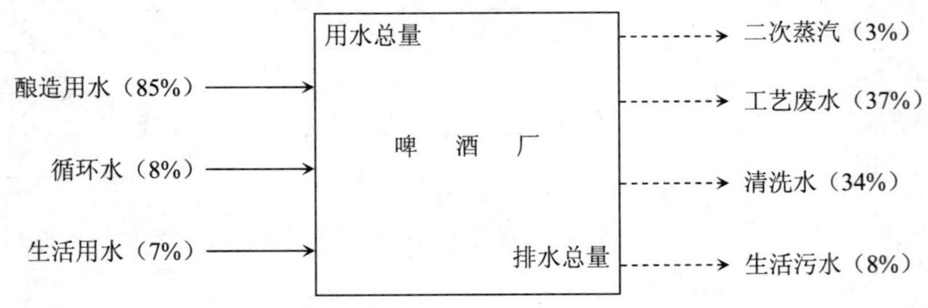

图 2-2 啤酒企业水输入、输出示意图

具体分析啤酒厂废水的主要来源有：

（1）麦汁制备工序。

麦汁制备工段的废水主要来自糖化锅、糊化锅及煮沸锅等设备的洗锅水和麦糟贮存池底流出的麦糟水。一般冷、热凝固物也含在废水中排出，所以糖化工序产生的废水中有机物质比较多，COD 浓度高达 20 000～40 000 mg/L。该废水的排放量约占废水中有机物总量的 5%～10%，废水排放为间歇排放。麦汁制备工段的废弃物有麦糟、冷和热凝固物。麦糟是麦汁制备过滤后产生的副产物，含水 75%～80%，组分主要有蛋白质、脂肪、淀粉、还原糖、粗纤维以及灰分。热凝固物是在麦汁煮沸过程中，由于蛋白质变性和多酚物质氧化、聚合而产生的。热凝固物含水 80%，组分为蛋白质、酒花树脂、多酚物质和灰分。冷凝固物是在麦汁冷却过程中析出的，主要组分是蛋白质、碳水化合物、多酚物质和灰分。在此工段，每制 1 kL 成品酒，产生 COD 污染物 7.24 kg 或 BOD 污染物 3.77 kg。

（2）发酵工序。

发酵工序的废水来源于洗涤水，COD 浓度为 2 000～3 000 mg/L，排放量约为废水总量的 15%～20%，采取间歇排放的方式。这个工段的废弃物是酵母和硅藻土。酵母是在啤酒发酵过程中沉淀下来的，一般因为生产所需，沉淀下来的酵母经洗涤后重复使用，但多余的和失去活力的酵母，如不综合利用则随废水排出。酵母除含水 80%～85%外，其他组分是蛋白质、脂肪、纤维、灰分和无机氮浸出物。在此工段，每制 1 kL 成品酒，COD 产生量平均约为 8.3 kg。

（3）包装工序。

包装工序的废水来自洗瓶水、喷淋杀菌水、冷却水、地面冲洗水和包装物破损流出的残酒等。这部分的排放量较大，约占总量的 30%～40%，COD 浓度为 500～800 mg/L，采取连续排放的方式。

（4）用于热交换的冷却水，冷冻机、空压机等设备冷却水。这类水基本上是洁净的。

（5）办公楼、食堂等生活污水。

2.2.2 水污染物排放过程控制的基本特点

2.2.2.1 耗水量显著降低，但与国际先进间还存在差异

（1）国外啤酒厂水耗情况

2007 年国际上一些著名啤酒集团水耗情况如下：富士达酒业（Fosters）为 3.3 m^3/kL，米勒为 4.6 m^3/kL，英博集团 5.0 m^3/kL，百威公司 5.5 m^3/kL。英国 BRI 研究机构通过对 130 家啤酒集团的调研发现，如果啤酒企业采用最佳的工艺过程，则耗水量可降低到 2.3 m^3/kL。

澳大利亚 Carlton & United 啤酒集团将水耗作为公司 KPI（Key Performance Index）指标重点管理，每年有不同种类和性质的节水改造项目，1996 年啤酒水耗 5.6 m^3/kL，2005 年降低至 4.1 m^3/kL，达到世界先进水平，并规划每年下降 7%～9%。

澳大利亚 Foster 啤酒集团下各啤酒厂单位水耗更低，据报道墨尔本 Abbotsford 啤酒厂 2006 年水耗 3.3 m^3/kL，Yatala 啤酒厂水耗仅为 2.3 m^3/kL，因此获得昆士兰州政府颁发的 2006 年度环境管理工业可持续发展奖的工业环境绩效奖。

芬兰早在 1980 年啤酒业的水耗就达到 6.0 m^3/kL，到了 2003 年又降低到了 4.0 m^3/kL 以下。

SABMiller 啤酒集团 2006 年产量 2 160 万 kL，排名世界第二。2005—2007 年水耗分别为 4.75 m^3/kL、4.60 m^3/kL 和 4.56 m^3/kL。2006 年集团内部水耗有很大差异，北美 4.07 m^3/kL、南非 4.22 m^3/kL、欧洲 4.44 m^3/kL、拉丁美洲 4.81 m^3/kL、非洲 7.81 m^3/kL、亚洲 7.82 m^3/kL。

美国一啤酒厂水耗仅为 3.64 m^3/kL，而加纳一啤酒厂水耗为 7.19 m^3/kL。

该集团较低的水耗在于节水技术挖潜与工艺设备改造，美国 Irwindale 啤酒厂改用 2 只外加热器煮沸麦汁，将煮沸锅清洗频率由每天 4 次减为 1 次，每月节水达 8 200 m^3。很多啤酒厂将制冷冷凝器由耗水的蒸发式改成气冷式，水耗下降 0.38 m^3/kL，全年总节水 450 万 m^3，但制冷电耗上升 25%。

啤酒厂水耗结构与节水理念和实际水耗相关。SABMiller 水耗结构为：原料处理与糖化 28%，发酵与过滤 26%，包装 40%，辅助（制冷、CO_2、空压与制水消耗等）6%。

Heineken 集团的水耗明显高一些，2004—2006 年平均水耗分别为 5.47 m^3/kL、5.49 m^3/kL 和 5.22 m^3/kL，2007—2009 年的目标分别是 5.06 m^3/kL、4.73 m^3/kL 与 4.61 m^3/kL。InBev（英博）公司 2003—2005 年的水耗分别为 5.86 m^3/kL、5.43 m^3/kL 与 5.20 m^3/kL。

综上可以看出国际水耗判定标准为：国际顶级水平≤3.00 m^3/kL；国际先进水平≤4.00 m^3/kL；国外（平均）水平 5.00 m^3/kL。表 2-2 为欧洲主要啤酒企业废水和固废排放水平。

表 2-2 欧洲主要啤酒企业废水和固废排放水平

企业名称	每 kL 啤酒产生的废水	每 kL 啤酒产生的固废
嘉士伯	3.2 m^3	18 kg
喜力	—	0.7 kg
Scottish&Newcastle	3.25 m^3	6.3 kg
Inbev	3.74 m^3	1.3 kg
Crolsh	—	1.7 kg
Bavria	—	1.2 kg
德国酿造行业	2.2～2.3 m^3	5.17～11.1 kg

（2）我国啤酒厂水耗情况

中国啤酒（即使为大型啤酒集团）水耗与世界水平相比仍有相当距离，2009 年啤酒企业平均耗水量为 6.01 m^3/kL，最大耗水量为 13.42 m^3/kL，最小为 3.86 m^3/kL。2006 年国家环保总局发布的《啤酒行业清洁生产标准》中规定一级耗水量指标为 6.0 m^3/kL，与本次调研的平均耗水量 6.01 m^3/kL 相比，说明我国啤酒行业在耗水量控制方面已做了大量的工作，一些先进技术和管理手段的应用，使啤酒生产过程中耗水量显著降低，见表 2-3。

表 2-3 2009 年与 2005 年水消耗情况对比

年份	啤酒耗水/（m^3/kL）
2005	7.62
2009	6.01

2009 年，啤酒厂生产规模与水耗有明显负相关性：大于 100 万 kL、50 万～100 万 kL、1 万～50 万 kL 和小于 1 万 kL 的平均水耗分别为 5.01 m^3/kL、4.66 m^3/kL、6.07 m^3/kL 和 6.73 m^3/kL。

根据国内啤酒厂实际水耗，2009 年中国啤酒业水耗判定标准为：国内顶级水平≤

5.00 m^3/kL（占国内啤酒厂 1%）；国内先进水平≤6.00 m^3/kL（占国内啤酒厂 10%以内）；国内平均水平 6.50 m^3/kL。

2.2.2.2 设备清洗是啤酒企业耗水量最多的生产环节

啤酒企业的耗水量不仅与生产过程有关，而且与季节也有关，通过对某企业生产过程中的耗水情况进行跟踪分析，结果显示啤酒企业平均每天耗水量大约为 3 600 m^3/d，夏季耗水量最大可达到 5 000 m^3/d，表 2-4 的结果显示了啤酒企业每天的用水情况。

表 2-4　某啤酒企业水的使用情况

操作	平均每天耗水量/（m^3/d）	夏季最大耗水量/（m^3/d）
工艺过程	1 230	1 790
锅炉	660	800
冷却设备	300	400
清洗设备	1 280	1 825
办公和生活	125	185
浇灌	5	5
总计	3 600	5 000

同时表 2-4 中的数据也说明了清洗用水占到了啤酒企业每天耗水量的 37%，其次为工艺用水，占总用水量的 34%，因此采用高效清洗技术，降低啤酒企业清洗用水量，对降低啤酒耗水量起着十分重要的作用。

2.2.2.3 废酵母和弱麦汁的回收利用是降低污染物浓度的关键

虽然清洗废水在啤酒总耗水中所占比重较大，但清洗污水属低浓度有机废水；而发酵过程中排出废水污染物浓度高，属高浓度有机废水，表 2-5 列出了啤酒企业水污染物的主要来源，只有了解了污染物的产生原因，才能采取有效技术实现降低污染物产生量的目的。

表 2-5　啤酒企业废水污染来源

污染来源	COD/（mg/L）	SS/（mg/L）	主要污染物与废水的污染性质评价
麦汁煮沸锅	210	低	残余麦汁，低浓度废水
过滤槽	9 600	200	糖化醪残留物，高浓度有机废水，可回收利用
回旋沉淀槽	60 000	28 000	麦汁和热凝固物等，高浓度废水，可回收利用
发酵罐	92 000	—	酵母残留物和凝固物沉渣等，高浓度，同上
贮酒罐	80 000	—	酵母残留物和凝固物沉渣等，高浓度，同上
硅藻土过滤机	20 000	40 000	硅藻土、酵母、蛋白质沉淀等，高浓度，同上
清酒罐	4 800	—	啤酒及微细有机残留物，中浓度废水
装酒机	4 200	—	啤酒，中浓度废水
酒糟干燥机	20 000	15 000	麦汁及糖化醪残留物，高浓度废水，回收利用
洗瓶机（初洗）	500	125	啤酒及其他固形物，低浓度废水
废酵母	180 000	—	废酵母，高浓度有机废水，可回收利用

污染来源	COD/（mg/L）	SS/（mg/L）	主要污染物与废水的污染性质评价
硅藻土滤饼	70 000	—	废硅藻土，高浓度有机废水，可回收利用
杀菌机溢流废水	15	20	基本是清澈的，但不能饮用，可考虑循环利用
洗瓶机（最后冲洗水）	—	—	基本是清澈的，但不能饮用，可考虑循环利用
冷凝器	—	—	基本是清澈的，但不能饮用，可考虑循环利用
压缩机冷却水	—	—	基本是清澈的，但不能饮用，可考虑循环利用
CO_2洗涤水	—	—	基本是清澈的，但不能饮用，可考虑循环利用
水处理设备	—	—	基本是清澈的，但不能饮用，可考虑循环利用

表 2-5 数据说明了啤酒废水中含有大量的有机物，体现在废水中的 COD 和 BOD 含量比较高，如回旋沉淀槽由于含有弱麦汁，所以 COD 为 6 000 mg/L，而废酵母 COD 浓度高达 180 000 mg/L，图 2-3 说明了发酵车间产生的废水污染物浓度最高，其次为糖化车间，所以对发酵车间的废酵母和糖化车间的弱麦汁进行回收处理是降低企业废水中污染物浓度的关键。

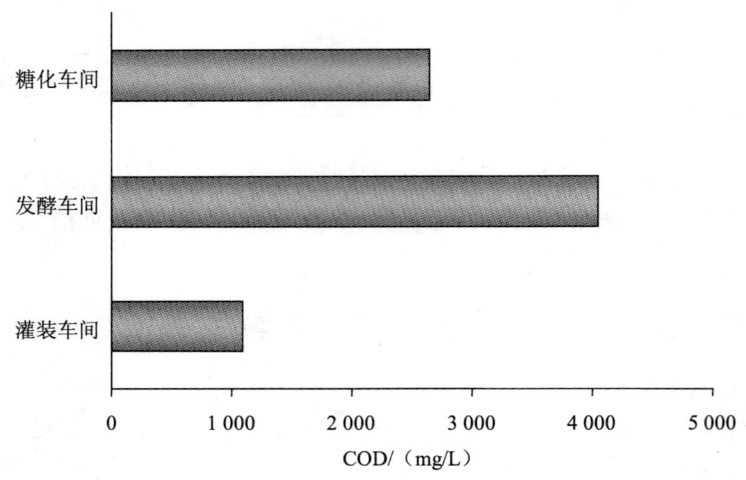

图 2-3 不同车间废水中 COD 的特点

2.2.3 水污染物排放末端控制的基本措施

2.2.3.1 降低啤酒制造吨酒耗水指标

啤酒国家标准取水定额将啤酒行业“单位产品取水量”分为 A（≤9.0 m³/kL）、B（≤9.5 m³/kL）两级。“单位产品取水量”定义是：啤酒制造厂生产千升啤酒需要从各种水源取用的水量。

另一个啤酒行业水耗标准来自《清洁生产标准 啤酒制造业》，此标准将啤酒厂水耗（即取水量）分为一级≤6.0 m³/kL，为国际清洁生产先进水平；二级≤8.0 m³/kL，为国内清洁生产先进水平；三级≤9.5 m³/kL，为国内清洁生产一般水平。

本次调研结果表明，我国啤酒企业平均水耗为 6.01 m³/kL，虽然满足啤酒标准取水定额，且基本达到了清洁生产一级标准要求，但与国外（平均）水平 5.00 m³/kL 相比，还存在差距，因此降低啤酒制造吨酒耗水指标仍是啤酒工业发展的方向。

2.2.3.2 贯彻执行啤酒制造业废水排放标准

为了贯彻执行《中华人民共和国环境保护法》、《中华人民共和国水污染防治法》、《中华人民共和国海洋环境保护法》，控制水污染，保护江河、湖泊、运河、渠道、水库和海洋等地面水体及地下水体水质的良好状态，保障人体健康，维护生态平衡，促进国民经济和城乡建设的持续发展，我国环境保护主管部门和国家技术监督主管部门制定和发布了一系列的水环境标准，形成了我国比较完整的水环境标准体系，通过水环境标准体系，我们可以了解我国水环境标准的层次、种类、分级。对正确理解和贯彻实施水环境标准具有十分重要的意义。

啤酒工业水污染物排放应符合《啤酒工业污染物排放标准》（GB 19821—2005）。

本标准按照污水排放去向，分年限地规定了多种水污染物最高允许排放浓度及部分行业最高允许排放水量。

标准规定啤酒工业废水无论处理与否均不得排入《地表水环境质量标准》（GB 3838）中规定的Ⅰ、Ⅱ类水域和Ⅲ类水域的饮用水源保护区和游泳区，不得排入《海水水质标准》（GB 3097）中规定的Ⅰ类海域的海洋渔业水域、海洋自然保护区。

排入建有并投入运营的二级污水处理厂的城镇排水系统的啤酒工业废水，执行预处理标准的规定。处理后排入自然水体的啤酒工业废水，执行排放标准的规定，排放标准见表 2-6。

表 2-6　啤酒生产企业水污染物排放量最高允许限值

项目	单位	啤酒企业	
		预处理标准	排放标准
COD_{Cr}	浓度标准值/（mg/L）	500	80
	单位产品污染物排放量	—	0.56
BOD_5	浓度标准值/（mg/L）	300	20
	单位产品污染物排放量	—	0.14
SS	浓度标准值/（mg/L）	400	70
	单位产品污染物排放量	—	0.49
氨氮	浓度标准值/（mg/L）	—	15
	单位产品污染物排放量	—	0.105
总磷	浓度标准值/（mg/L）	—	3
	单位产品污染物排放量	—	0.021
pH		6～9	6～9

2.2.3.3 啤酒制造综合废水处理应执行的技术路线

啤酒制造综合废水属于易于生物降解，含有少量氮、磷污染物的有机废水，宜采取“前处理+厌氧生化+AO 生化+深度净化”的废水处理技术路线（工艺流程）。依据不同生产规模的啤酒制造工厂的综合废水污染物浓度，可分别采取表 2-7 污水处理工艺流程。

表 2-7 不同生产规模啤酒企业综合废水处理的工艺流程

啤酒厂生产规模/（kL/a）	啤酒综合废水处理的工艺流程			
	前处理	厌氧处理	AO 生化系统	深度净化
	去除 TSS	削减 COD	去除 COD+N	去除 TP+TSS
≥100 万 kL/a	√	√	√	√
50 万～100 万 kL/a	√	√	√	√
1 万～50 万 kL/a	√	√	√	—
≤1 万 kL/a	√	—	√	—

2.3 固体废弃物的产生与排放控制

2.3.1 固体废弃物的主要产生环节

啤酒工业固体废弃物主要包括麦糟、废酵母、废硅藻土以及碎玻璃、纸箱等物质，产生于啤酒的整个生产流程中。某年产 10 万 t 啤酒的企业（使用回收瓶和塑料周转箱）有关联产物、副产物和固体废弃物产生量见图 2-4。

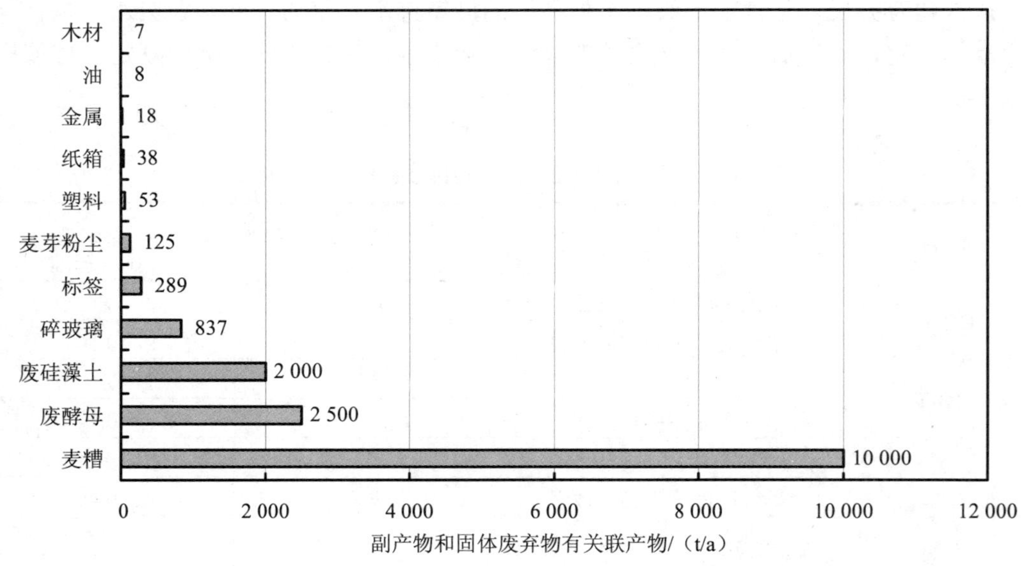

图 2-4 啤酒企业有关联产物、副产物和固体废弃物产生量

（1）麦糟

麦糟是啤酒企业的主要固体废弃物，产生于过滤槽处，是生产过程中不可避免的废弃物，一般糖化工序结束后，必须在最短的时间内使麦汁与不溶解的啤酒糟分离，这一过程包括头滤麦汁的过滤和洗糟。但是，使用的设备不同，产生的废弃物形态不同，对环境产生的影响也不同。

麦糟的主要成分是糖和水，麦糟中水分大，营养丰富，不易久放，啤酒企业应及时将湿酒糟出售或进行处理，防止微生物大量繁殖，降低其营养价值且污染环境。目前麦糟典型的污染控制技术是对湿麦糟进行固液分离，干燥后的麦糟作为商品出售。经分离的废糟水可再离心浓缩与离心后的固体部分混合均匀，送至麦糟干燥设备干燥；或将废糟水再返回糖化室利用。出售麦糟，在运输管理方面必须加强，防止造成环境污染。

（2）废酵母

酵母用于啤酒的发酵过程，当啤酒发酵好后，酵母即从发酵罐中排出。废酵母来自两方面：

①主发酵的剩余酵母。质量比较好，可经干燥，制成酵母粉或酵母浸膏；或以酵母为原料，提取酶、核酸及核苷酸等物质。

②贮酒时的沉淀酵母。杂质多，质量差，一般多随污水排出，排出污水后，由于酵母易漂浮起来，所以不利于污水处理。通过将酵母蒸汽处理，破坏其酶活力，使处理后的固体部分沉降，上部液体排入污水中，下面固体部分按比例加入废酒糟中，制成饲料。

（3）废硅藻土

硅藻土作助滤剂用于啤酒过滤，滤后多以水冲洗成浆状，直接排放。硅藻土本身不分解，但滤后含有酵母和蛋白质沉淀等。

目前针对废硅藻土尚没有特别有效的回收、再生利用的技术，部分企业设置澄清槽，将冲洗下来的滤饼浆水送至澄清槽，其固体部分沉淀下来，另作处理，液体直接排放。

（4）热凝固物

热凝固物是麦汁煮沸过程中，由析出的酒花树脂、不稳定胶体蛋白质和夹带的麦汁形成的浆状析出物。凝固物在麦汁冷却前即从麦汁中分离出去。凝固物含有生产啤酒所需的麦汁，其 BOD 含量较高，凝固物若不加处理排到水体中将增加污染负荷。

目前大多数企业将麦汁旋涡沉淀酒花槽及热凝固物集中于蛋白糟罐中，在下一批糖化醪过滤后洗糟时泵入过滤槽，回收其中的麦汁；或将滤后热凝固物加入过滤槽中，与酒糟混合作饲料出售。

（5）其他固体废弃物

其他固体废弃物包括破玻璃、废标签、废纸板、废纸箱、废金属等。其产生的原因有：①包装材料进厂时没有严格检查；②生产操作时，没严格按操作规程去做；③设备没有预防性维护保养，设备带病操作；④职工缺少责任心。

2.3.2 固体废弃物排放基本情况

根据调研情况，我国啤酒企业主要固体废弃物的产生情况如下：2009 年啤酒企业平均麦糟产生量为 64.41 kg/kL，最大产生量为 119.29 kg/kL，最小为 13.94 kg/kL；平均废酵母产生量为 1.93 kg/kL，最大产生量为 9.48 kg/kL，最小为 0.77 kg/kL；平均废硅藻土产生量为 2.23 kg/kL，最大产生量为 7.48 kg/kL，最小为 0.33 kg/kL，企业间的差异非常明显，而且固废的产生量与企业规模无显著关系。

2.4 气体污染物的产生与排放控制

啤酒生产所产生的大气污染物主要有：啤酒的原料粉碎过程中，产生的大量粉尘；发酵时产生的 CO_2；锅炉烟气和污水处理车间的恶臭气体等。所有这些都对大气有影响，因此我们也应引起重视。

燃气锅炉产生的大气污染物主要包括氮氧化物（NO_x）、二氧化硫（SO_2）和锅炉烟尘，啤酒企业所使用的锅炉与其他工业行业基本相同，采用的烟气治理技术也没有特殊性，因此本项目没有对烟气治理技术进行评估。

啤酒企业污水处理车间产生的恶臭气体主要成分为 H_2S、NH_3-N，为无组织排放。预防的措施是加强管理，完善相关措施。

啤酒企业最大的气味来源是麦汁煮沸蒸发过程。主要潜在气味来源包括：麦汁煮沸产生的蒸汽；废水处理；有关联产物和副产物的贮存和处理；燃油的贮存；啤酒贮存车间和包装车间的通风和锅炉房的烟囱排放。

2.5 噪声、振动的产生与污染防治

啤酒企业产生的噪声可分为交通噪声和固定噪声源。交通噪声由运输卡车和叉车产生，固定噪声源是啤酒企业噪声产生的主要途径，它包括冷凝器和冷却塔等固定设备。

主要噪声源包括：啤酒企业运输用的卡车和叉车；公用车间所用的冷凝器和冷却塔；啤酒企业中的原料粉碎、运输和通风风扇等。噪声值在 80～100 dB（A），工程主要噪声源见表 2-8。

噪音干扰的主要原因在于：厂房所处的位置；户外设备维修不善；在夜间生产。

啤酒企业噪音所产生的环境影响应通过研究特定排放源来进行评价，应当指出，啤酒企业的噪音也是职业健康安全所关注的焦点，如果某企业使用旧设备，则公用车间（压缩机）和包装车间（玻璃瓶）的噪音水平偶尔会超出工业企业厂界环境噪声排放限值的规定。

表 2-8　主要噪声源及降噪措施一览表

噪声源		噪声源强/dB（A）	降噪措施
车间	设备名称		
灌装车间	杀菌机	86	减振，建议戴耳罩
	洗瓶机	88	
	灌装压盖机	88	
动力车间	空压机	95	隔声、消声、减振
冷冻站	氨压缩机	≤91	隔声、消声、减振
污水处理站	鼓风机	90	隔声、消声
锅炉房	鼓风机	92	隔声、消声
	引风机	90	消声、减振
厂区或车间	运输车辆	82	隔声、管理
其他	各种泵类	85～90	隔声、减振

第 3 章　啤酒制造业污染防治技术的应用现状

啤酒制造业污染防治技术可分为生产过程的污染预防技术和末端治理的污染治理技术两个方面，生产过程污染防治技术根据效果分为节水减排技术、废水减排技术、固废减排技术和废气减排技术，以下就这几类技术应用情况分别进行介绍。

3.1 节水减排技术

3.1.1 液位测量技术

（1）技术描述

液位传感器主要有两种类型：液位检测传感器和液位测量传感器，液位检测传感器是用于检测罐内的液体是否达到了某一水平面，应用时会与视觉指示器或可视报警器或流量控制器相连接，而液位测量传感器可持续检测液体的实际水平，常与一个可控制其变化的设备连接，如增加或降低泵的功率。

（2）技术指标

在啤酒企业，电容式液位开关用于控制酵母和啤酒的界面，界面上的啤酒倒入贮酒罐，而酵母进行回收。

啤酒生产过程中，如果废水中麦汁含量增加 1%，则 COD 量会增加 5%，通过安装液位测量装置可预防罐内液体的溢流，避免产生高浓废水。因此降低清洗水的使用量，降低废水产生量。

（3）技术应用

该技术广泛适用于啤酒企业。根据德国企业报道，啤酒企业安装液位测量装备的投资回报期仅为 5 天。

3.1.2 流量测量和控制技术

（1）技术描述

流量测量和控制技术可以降低原材料的浪费和废水的产生量，在产品输送线上进行流量的检测可以准确控制贮存罐、生产设备和灌装设备中液体的添加量，从而降低原料的损失。

在 CIP 系统中，通过流量的测量和控制可以优化水的使用，降低废水产生量。

（2）技术指标

降低原料、产品和水的损失，产生的废水量少。降低原材料和水的浪费，节约成本。

（3）技术应用

该技术广泛适用于啤酒企业。

3.1.3 最后一道清洗水的再利用技术

（1）技术描述

洗瓶机最后一道清洗水基本上未受污染，经回收后不用任何处理就可直接用于洗瓶机初洗或冲洗地面。

具体方法：

①将洗瓶机最后一次喷淋的清水汇集流出后，和洗瓶机底部预浸槽相连，利用位差进入预浸槽预洗；

②洗瓶和最后喷淋水汇集入一贮罐，用泵打出用于回收瓶预喷淋或预洗，或作其他清洁用水，如冲洗地面；

③将部分洗瓶和最后喷淋水泵送至杀菌机，作一般冷水补充使用。

（2）技术指标

实现洗瓶机喷淋水的再利用，可使 kL 啤酒耗水量减少 0.8～1.0 m^3。

（3）技术应用

该技术成本低，操作简单，在我国啤酒企业中已普遍使用。

3.1.4 巴氏杀菌水的再利用技术

（1）技术描述

为了降低啤酒企业的耗水量，将巴氏杀菌机溢流的水收集到不锈钢罐中，然后将其送至冷却塔冷却，再返回到巴氏杀菌机中重复使用，主要过程如图 3-1 所示：

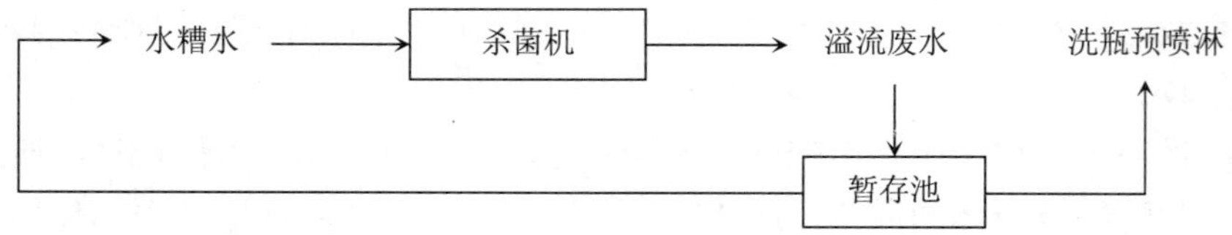

图 3-1 杀菌机溢流水循环利用

（2）技术指标

该技术能够减少隧道式巴氏消毒机的新鲜水消耗量，弥补由于蒸发和潜在排放造成的损失。实现杀菌机溢流水的再利用，可使 kL 啤酒耗水量减少 0.2 m^3。

（3）技术应用

该技术可用于啤酒的巴氏杀菌过程中。

3.1.5 CIP 在线清洗技术

CIP（Cleaning in Place）在线清洗是指在被清洗的设备、容器及管路不动的情况下，通过机械力让洗涤液循环，进行完整彻底的清洗。CIP 清洗技术可应用于整个啤酒生产工序。

CIP 系统设备组成包括清洗剂罐、冲洗水罐、杀菌剂罐、循环泵、加热装置、配电柜和控制装置。一般 CIP 罐的数量可根据洗涤剂及消毒剂的种类而定，但一个系统一般不超过 8 个罐；每个罐的容积可根据清洗管线及罐来确定。一般的清洗液流速达 3 m/s，流量可达 140 m^3/h。

CIP 系统主要清洗过程如图 3-2 所示。

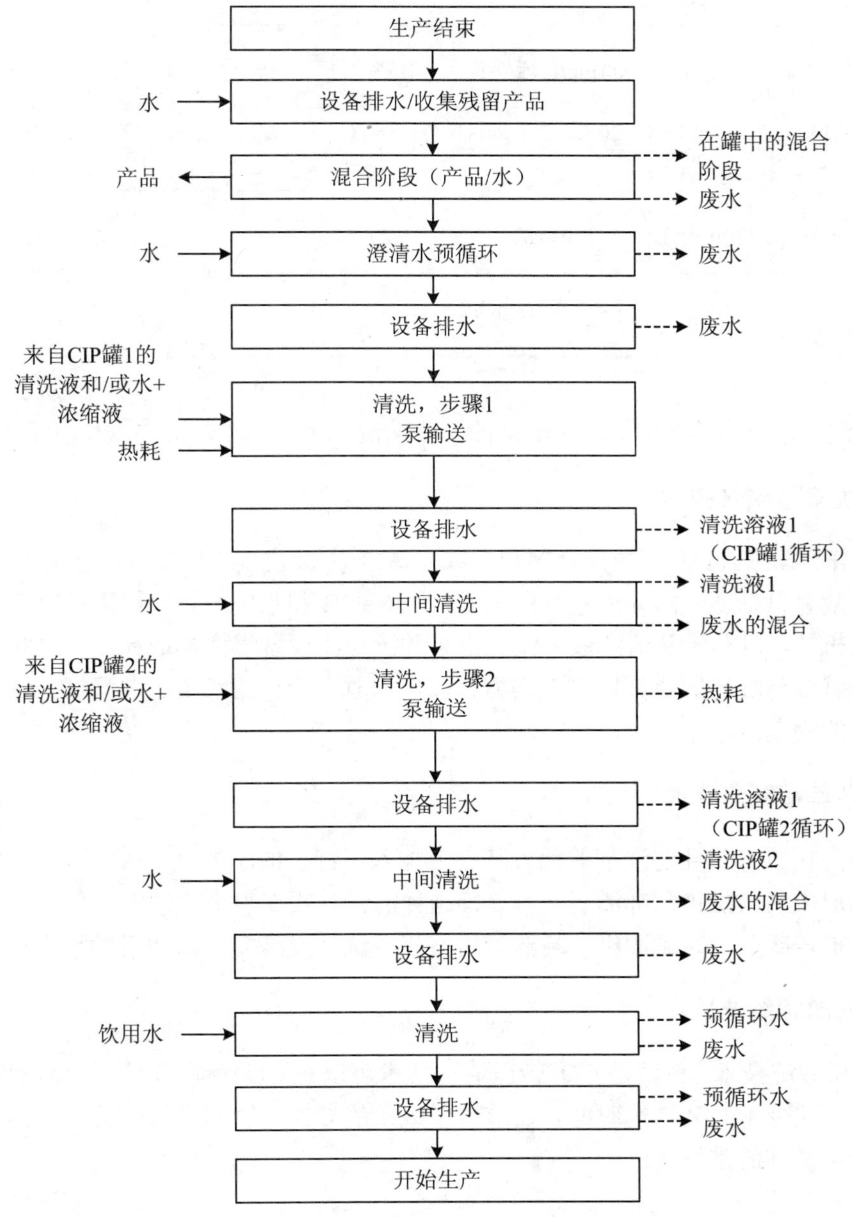

图 3-2 CIP 系统清洗流程图

目前 CIP 系统中常用清洗剂（表 3-1）包括：碱性清洗剂，国内主要采用 NaOH 溶液或主要成分为 NaOH 的混合产品；酸性清洗剂，主要成分为 HNO_3 的混合产品。杀菌剂有含碘杀菌剂、过氧乙酸、热水（85℃以上）等。

表 3-1 CIP 系统常用清洗剂和杀菌剂及使用方法

种类	碱性清洗剂				酸性清洗剂		杀菌剂		
项目	NaOH	NaOH+NaClO	NaClO 或 KClO		硫酸	磷酸或硝酸	过氧乙酸	含碘杀菌剂	
最高浓度	5%	5%	300 mg/L 活性氯		1.5%	5%	0.007 5%	0.15%	50 mg/L 活性碘
最高温度	140℃	70℃	20℃	60℃	60℃	90℃	90℃	20℃	30℃
pH 值范围	13～14	≥11	≥9		—	—	—	—	≥3
水中 Cl^- 最高含量	500 mg/L	300 mg/L	150 mg/L		200 mg/L		300 mg/L		
最长作用时间	3 h	1 h	2 h	0.5 h	1 h	1 h	0.5 h	2 h	24 h

CIP 清洗技术分为传统先碱洗再酸洗的 CIP 清洗技术、单相碱洗技术和单相酸洗技术。

3.1.5.1 传统 CIP 清洗技术

传统 CIP 清洗剂包括碱类/螯合剂和（或）碱类/次氯酸盐两种配方。使用 NaOH 可有效去除大多数有机杂质，部分去除蛋白杂质，但 NaOH 和水中的钙、镁离子反应能够形成不可溶的无机盐，进一步从清洗液中沉淀出来并沉积在设备表面形成积垢，对此大多数啤酒厂采取先碱洗再酸洗的措施以去除锅垢。该技术适合于过滤管道、过滤机、包装灌酒机及清酒管道的周期清洗。

3.1.5.2 CIP 单相碱洗技术

单相碱洗在原来碱性清洗剂的配方基础上加入了特殊的添加剂，从而不需要再进行酸洗就可去除形成的碳酸钙和啤酒石。目前，这种清洗方式在很多啤酒厂仍使用，适用于糖化锅、酵母扩培罐、包装罐酒机、清酒管道常规清洗和发酵罐、清酒罐的周期清洗。

3.1.5.3 CIP 单相酸洗技术

CIP 单相酸洗技术，也就是 CO_2 带压清洗技术可以在 CO_2 存在条件下对清酒罐进行有效刷洗，不仅减少了 CIP 清洗时间，还节省了大量的 CO_2，氧的摄入问题也被排除，适合于发酵罐和清酒罐的常规清洗。

（1）技术指标

传统 CIP 清洗技术：净水：5～10 min→热碱：20～30 min→清水冲洗至中性→酸洗：25～30 min→80℃热水/杀菌剂：7～10 min/3～5 min→无菌水冲洗：3～5 min。

CIP 单相碱洗清洗技术：净水：5～10 min→碱洗：20～30 min→清水冲洗至中性→80℃热水/杀菌剂：7～10 min/3～5 min→无菌水冲洗：3～5 min。

CIP 单相酸洗清洗技术：清洗时不需要排空 CO_2。

净水：5～10 min→冷酸性清洗剂：45～60 min→清水冲洗至中性→杀菌剂：3～5 min→无菌水冲洗：3～5 min。

与传统 CIP 清洗技术相比，单相清洗可节约 30～40 min 的清洗时间，而且还减少了清洗剂的用量。

CIP 单相酸洗清洗技术省略了碱液清洗后用热水冲洗的过程，可降低用水量及清洗时间。一般单相酸洗 1 个 200 m^3 的发酵罐需要耗水 10t 左右，用时 90 min；而传统清洗 1 个 200 m^3 的发酵罐需要耗水 15 t 左右，用时 105 min。

（2）技术应用

已在啤酒行业推广应用。

3.1.6 高浓酿造后稀释技术

（1）技术描述

啤酒高浓酿造后稀释技术是在啤酒生产中采用比正常浓度更高的麦汁浓度进行发酵，并在生产后期用水稀释成正常浓度啤酒的工艺。如正常发酵的麦汁浓度为 8～12°P，高浓麦汁则为 13～17°P，超高浓度的麦汁为 18～24°P。高浓酿造后稀释工艺在美国啤酒工业的应用范围已达 70%以上。目前，国外仍在进行该项技术的研究，麦汁浓度已提高至 18～24°P，甚至高达 30～36°P，稀释率达 60%～300%。

采用较高麦汁浓度酿造，在糖化工艺、酵母选育、发酵技术以及稀释水处理等方面均提出了更高的要求。该工艺除能显著降低啤酒生产成本外，还能提高最终产品的淡爽程度。稀释可以是全部，也可以部分，可以在生产过程的任一阶段，包括煮沸锅打麦汁，麦汁冷却器前、麦汁冷却器后、发酵过程中、发酵过程后、啤酒后熟阶段、啤酒过滤前、啤酒过滤后等。总之，酒花添加水平越低，辅料比越高的工艺，越适合高浓酿造法，而不产生重大的风味变化。

稀释一般按照麦汁浓度来稀释，利用下式计算稀释率：

$$\text{稀释率（\%）}=\frac{\text{（高浓酿造原麦汁浓度}-\text{稀释后啤酒的原麦汁浓度）}}{\text{稀释后啤酒的原麦汁浓度}}\times 100\%$$

（2）技术指标

该技术可显著降低企业能耗、水耗，由于高浓酿造添加稀释水的比例可达 100%以上，因此，设备操作时间和冷耗等方面都将节约 100%，啤酒生产过程的输送量也会减少，相对酒损也较小。

以年产 3 万 kL 啤酒计算，采用高浓酿造技术（麦汁浓度 14～16°P）每年大约可节水 2 400 m^3、节约电消耗 240 000 kW·h、节约煤 160t、酒损节约量约为 80 kL。

（3）技术应用

国内大部分企业应用。

3.1.7 再生水回用技术

（1）技术描述

再生水回用处理方法按目前已被采用的方法大致可分为 4 类：

1）生物处理法

利用水中微生物的吸附、氧化分解污水中的有机物，包括好氧和厌氧微生物处理，一般以好氧处理较多。

2）物理化学处理法

以混凝沉淀（气浮）技术及活性炭吸附相结合为基本方式，与传统的二级处理相比，提高了水质，但运行费用较高。

3）膜分离技术

采用超滤（微滤）或反渗透膜处理，其优点是 SS 去除率很高，占地面积与传统的二级处理相比，减少了很多。

4）生物处理法和膜分离技术结合

典型的中水回用工艺流程见图 3-3、图 3-4。

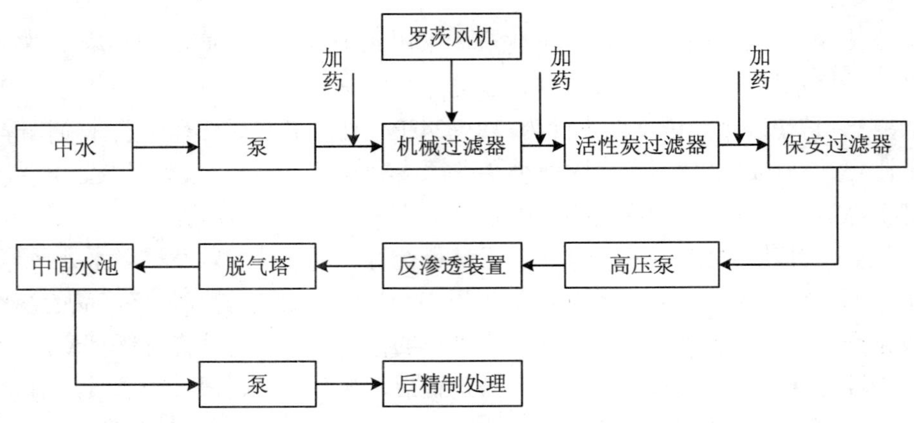

图 3-3　常规膜处理技术

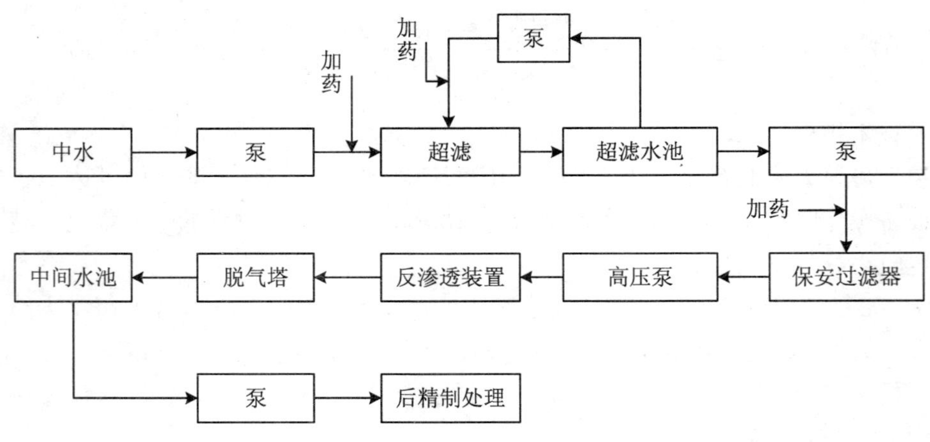

图 3-4　双膜法处理技术

（2）技术指标

在节约水资源的同时，减少了废水排放。

（3）技术应用

国内大型啤酒企业已普遍应用。

3.1.8 麦汁煮沸过程中二次蒸汽回收利用技术

（1）技术描述

麦汁煮沸时产生的水蒸气被称为二次蒸汽，若不加处理从排气筒直接排放，不仅浪费了许多能量（1kg 常压蒸汽变为 20℃冷凝水时将释放 2590kJ 的热能），而且也对环境产生不利影响。

麦汁煮沸是啤酒企业单一耗热最大的过程，蒸汽消耗占全厂的 40%左右，煮沸锅煮沸强度为 8%～12%，一般二次蒸汽是直接排放到空气中，不仅耗能，而且会产生异味气体。因此从煮沸锅中回收二次蒸汽，通过热能回收系统回收到热能储罐，利用其对麦汁进行预加热，这样可以省去从 78℃加热至接近沸腾的加热蒸汽，既可以有效降低能耗，减少水的消耗，改善生产中热水平衡系统，又可以减少异味排放及环境污染。

（2）技术指标

一般用蒸汽压缩设备生产的蒸汽通过特殊的热交换设备来煮沸麦汁，据研究报道，压缩蒸汽的热能，温度约为 100℃，回收后可用于生产麦汁煮沸需要的热水，该过程如图 3-5 所示。

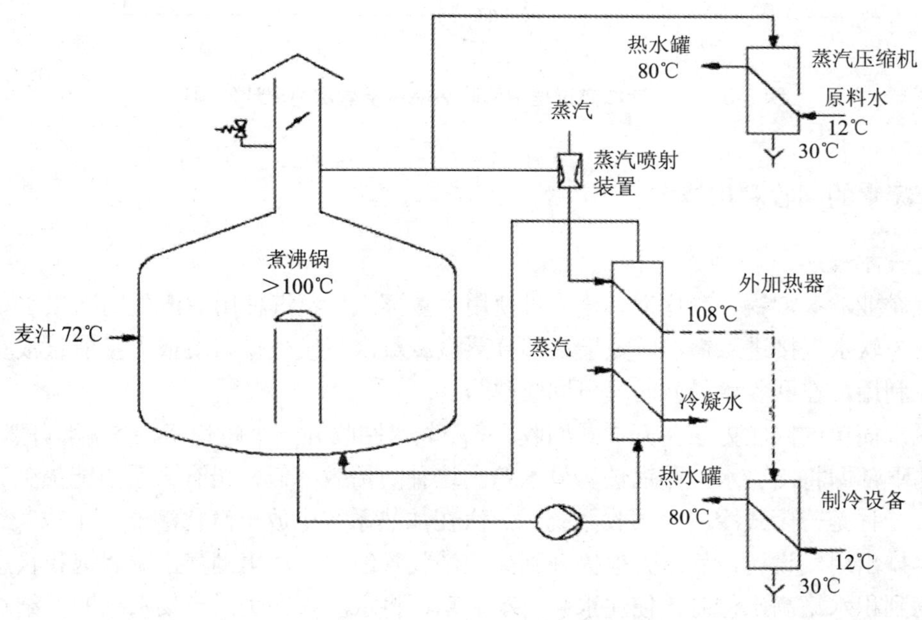

图 3-5 从煮沸锅中回收热能用于生产热水

有的企业将该回收热能生产 98℃的热水，用于煮沸前麦汁的预热，可将麦汁温度从 72℃提高到 90℃，该过程需要安装热能贮存设施，如果以压缩蒸汽方式存在的热能也可以生产热水，该过程如图 3-6 所示。

通过二次蒸汽回收，可节省煮沸锅 63%以上的蒸汽消耗，相当于降低水耗 0.04 m^3/kL。该技术工艺流程简单，设备性能可靠，两年即可收回设备投资。

（3）技术应用

该技术适用于新建啤酒企业和现有设备能耗高、效率低的啤酒企业。

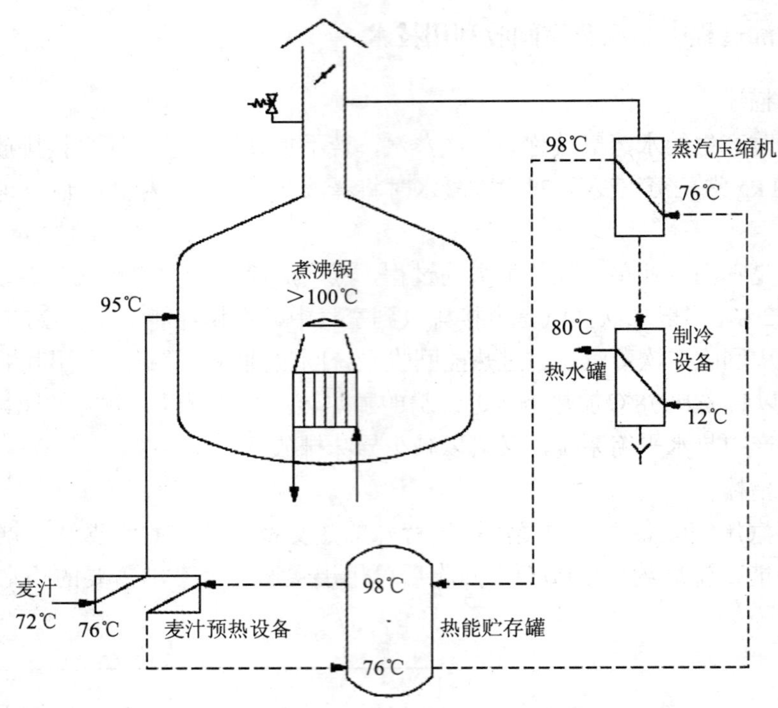

图 3-6 从麦汁加热过程中回收热能用于煮沸前麦汁的预热

3.1.9 冷凝水的回收利用技术

（1）技术描述

啤酒企业的煮沸锅、糊化锅、杀菌机使用大量蒸汽，蒸汽使用后产生的冷凝水是纯净水，可作为软水直接进入锅炉，如果这部分蒸汽冷凝水直接外排将造成大量能量浪费，应加以回收利用，在回收水的同时又可回收热量。

冷凝水简单的回收方法是开放式回收，将冷凝水回收到一个敞口槽，冷凝水自然冷却，在水槽的下部即将冷凝水打回锅炉房供水箱。这种防治效率低，仍有大量热能损失。

还有一种是密闭式冷凝水回收系统。蒸汽在加热系统中放出汽化潜能，生成凝结水，经疏水器排出用气设备，靠压力差提升到架空回收管线中，汇集到集水罐。饱和状态的凝结水充满到积水罐高水位时，使注水泵自动启动，将水注入锅炉；当集水罐的凝结水位降到低水位时，注水泵自动停止运行，由正常供水泵向锅炉供水；如锅炉不需补水，而积水罐又到高水位时，注水泵将凝结水送入供水箱。它的优点是设备能正常运转，工作寿命长，能取得明显的节热、节水效益。目前很多啤酒厂正在陆续将原开放式冷凝水回收系统改造为高温密闭式冷凝水回收系统。

（2）技术指标

闪蒸量占冷凝水量 15%以下；回收冷凝水直接进锅炉，提高锅炉供水温度 50℃以上；减少节约水及软化水处理费用；减少锅炉排污率；提高能源利用率，缩短锅炉的运行时间，降低烟尘排放量。

节水效果约为 0.3 m^3/kL 啤酒，节煤 0.02 t/kL 啤酒。

该技术投资回收期少于 1 年，经济效益显著。

（3）技术应用

大中型啤酒企业普遍应用。

3.2 废水减排技术

3.2.1 废碱液回收利用技术

其回收利用的流程如下：

（1）技术描述

啤酒生产中洗瓶机的洗液（碱水）洗涤后仍存留 1.2%～1.8%的碱，通过机械回收，再次利用，不仅降低碱的使用，降低成本，而且能大大减少环境污染。

碱回收系统通过对玻璃瓶洗瓶机碱液回收、过滤、沉淀，除去细纤维、黏性物，恢复活性以延长碱的使用时间，从而提高碱的使用效率，达到降本增效的目的。

碱液回收系统组成包括回收碱罐（碳钢，不含保温）、碱液回收泵、过滤装置、管路及控制系统。

工作原理：由碱液回收泵将洗瓶机一个碱槽内碱液经一组粗过滤装置过滤后抽到一个空的回收碱罐中沉淀。再将另一个回收碱罐中经过粗过滤和沉淀后的碱液经一组精过滤装置抽回到空的碱槽中供洗瓶机使用。碱液回收泵由流量计控制实现回收碱液定量添加，避免碱槽液位过高或过低。因回收碱液碱浓度可能低于洗瓶工艺要求，则由人工补碱至工艺要求碱浓度。

回收的废碱液经处理，调整碱液浓度，可用于洗瓶、罐等设备；也可经过旋转格栅过滤，通过泵输送到热电厂，经过净化处理后用于锅炉烟气脱硫，达到以废治废、节约资源的目的。

（2）技术指标

该技术可降低水耗和碱液用量，降低了废水处理成本。目前 kL 啤酒平均耗碱 1.5 kg，使用该技术碱液回收率达到 80%以上。

（3）技术应用

该技术在国内啤酒企业已普遍应用。

3.2.2 弱麦汁回收技术

（1）技术描述

当麦汁排出后，麦糟中仍含有大量的浸出物，为了减少损失，必须对其进行回收。洗糟是回收剩余浸出物的常用方法，洗糟水的排出会降低麦汁浓度，当麦汁浓度达到所要求值时，停止排放洗糟水。此时剩余在过滤槽中的麦汁仍含有低浓度的浸出物，这部分麦汁被称为弱麦汁。如果弱麦汁被排放到下水道中，则污水中 COD 的负荷会增加，很明显地也会损失部分浸出物。

弱麦汁可收集到带有加热套和缓慢搅拌装置的罐中，并进入下一批糖化麦汁中，该过程对高浓酿造工艺非常关键，因为它可以降低污水中有机物负荷，并节约大量的原料和水。

（2）技术指标

弱麦汁回收不需要设备投资，运行成本也非常低，但在降低污水负荷方面效果非常明显，弱麦汁中 COD 浓度一般在 10 000 mg/L 左右，弱麦汁占糖化麦汁体积的 2%～6%，而 1%～1.5%的弱麦汁可被回收，因此弱麦汁回收会使污水负荷降低 200～600 g/kL。

（3）技术应用

该技术在国内啤酒企业已普遍应用。

3.2.3 残酒回收技术

（1）技术描述

残酒包括酒头、酒尾、不合格酒等，啤酒企业的残酒分两种：一是发酵车间管道的酒头酒尾（主要是过滤），二是灌装车间回收的不合格酒和灌装时的酒头酒尾。

不同车间回收的残酒，根据残酒的品质差异，其处理方法不同，发酵车间的残酒有三个处理途径：混入过滤槽洗糟水中；经灭菌，进发酵罐混合发酵；经灭菌，充 CO_2 混入低度酒中。

包装车间的残酒回收也有两种方法：

① 残酒→残酒贮罐→高温瞬时杀菌→薄板冷却降温→发酵罐

② 残酒→残酒贮罐→CO_2 洗涤、饱和→精滤→清酒管道→灌装

第一种方法操作比较繁琐，第二种方法流程简单，容易操作，而且残酒回收后不进入发酵罐，提高了发酵罐的利用率。

（2）技术指标

残酒回收系统一般包括管道、泵、贮存罐、添加管道等设备，以 36 000 瓶/h 灌装线为例，按 3%的残酒回收率计算，配备的残酒回收能力约为 1 000～1 500 瓶/h，设备成本（包括设备及配套管线）在 10 万～15 万元，每月运行成本为 1 000～2 000 元，使用 8～10 个月后可以完全收回投资成本。

（3）技术应用

国内很多啤酒企业已采用利用残酒回收设备进行残酒回收，但还有部分企业直接将残酒回到发酵罐中。

3.2.4 热凝固物的回收利用技术

（1）技术描述

热凝固物中包括麦汁、酒花颗粒和麦汁煮沸过程中形成的不稳定胶体蛋白絮凝物，在麦汁冷却前如回旋沉淀槽中热凝固物被从麦汁中分离。热凝固物中仍含有麦汁，热凝固物造成的浸出物损失量取决于麦汁和热凝固物的分离效果。

热凝固物悬浮液可以有不同的处理方法，添加到酿造谷物中或直接排放到下水道中，为了降低 COD 负荷和浸出物的损失，应尽量避免将热凝固物排放到下水道中。热凝固物可以返回到糖化锅或过滤槽/麦汁过滤机中，因此部分以酿造谷物形式存在的热凝固物可作

为动物的饲料，如果热凝固物在过滤前或过滤过程中添加到过滤槽中，则热凝固物中的浸出物会很好地回收。

（2）技术指标

热凝固物中的 COD 含量约为 150 000 mg/L（湿凝固物），如果回旋沉淀效果好，则产生的热凝固物量为麦汁体积的 1%～3%，如果回收热凝固物，污水的负荷可降低 1 500～4 500 g COD/kL 麦汁。

（3）技术应用

该技术在国内啤酒企业已普遍应用。

3.2.5 干排糟技术

（1）技术描述

啤酒厂每生产 1 kL 啤酒，大约可生产 0.15 t 的湿麦糟，如果用水稀释后冲放掉，冲 1 t 糟用水为 5～6 m^3，将造成大量浪费和污染负荷。因此，要将过滤槽中的麦糟先控干水分后，排掉废水，进行干排糟，将排出的干燥糟作为饲料出卖，既可以增加收益，又可大量减少废水中的 COD 和 SS。

干排糟是由过滤槽内的推糟器把麦糟直接排放在麦糟贮料罐中，通过螺旋输送机输送至通往干燥站的管道内，通过 0.5～0.6 MPa 的压缩空气吹送到干燥站进行干燥。

（2）技术指标

麦糟湿排用水量大，冲 1 t 糟用水为 5～6 m^3。麦糟干排只在最后用水冲洗过滤槽，耗水量为湿排耗水量的 5%。

干排糟投入费用约 100 万元，一般回收期为 2 年。

（3）技术应用

该技术普遍适用于啤酒糖化工序。

3.3 固废减排技术

3.3.1 废酵母回收再利用技术

（1）技术描述

啤酒企业在啤酒生产过程中，每生产 1 000 kL 啤酒，约产生 1～1.5 kg 干酵母（含水量低于 8%）。在贮酒过程中，与其他杂质共同沉淀于贮酒罐底，一般弃置不用，排放于下水道内，由于其 COD 负荷极高，造成很大的污染。

啤酒废酵母中含有丰富的氨基酸、核苷酸及其他营养成分，经深度处理加工后的产物可应用于食品、调味品、医疗和啤酒酿造，可制成酵母抽提物、核苷酸、蛋白粉、酱油等。在啤酒废酵母的利用领域中，日本的研究者们做了大量的工作，处于领先地位，已产业化应用中，制药占 17%～18%，食品 20%，强化饲料 12%～13%，混合饲料 50%。我国啤酒企业主要生产饲料添加剂或生产核糖核酸，也有的企业直接作为医药加工的原料出售。

1）生产混合饲料或饲料添加剂：酵母泥经加热、自溶及干燥后制得的酵母粉，可以直接作为商品出售，也可用做饲料添加剂，这是目前国内外啤酒废酵母综合利用的最主要方法。其生产过程如下：

$$酵母泥 \xrightarrow{搅拌、加热} 酵母浆 \rightarrow 滚筒干燥 \rightarrow 成品$$

2）生产啤酒酵母抽提物：以啤酒酵母为原料，采用现代生物技术，将酵母细胞内的蛋白质、核酸等物质进行生物降解、精制，生产天然调味料。我国酵母抽提物的研究还未工业化应用。

3）生产天然调味品：啤酒酵母泥还可以生产诸如营养酱油的调味品，主要工艺过程为：

酵母泥→离心、洗涤→脱苦脱色→酵母自溶→离心→压滤→上清液→浓缩→调味品；压滤→蛋白渣→发酵→酱油

4）生产核苷酸：以啤酒废酵母为原料，将其中的核糖核酸经酶解、离子交换树脂分离、纯化等工艺生产 4 种单核苷酸，降解率稳定在 80%以上，产品纯度≥95%。

（2）技术指标

与深度开发技术相比，利用废酵母生产饲料具有设备投资少、工艺简单、生产成本低的优点，而且生产过程中无废水产生，无二次污染，利润约为 5 元/kg，是目前啤酒企业处理废酵母的首选方法。

废酵母中核糖核酸的提取率一般为 4.1%，因此生产核糖核酸的废酵母深度开发技术投资成本高，操作复杂，利润约为 200 元/kg，国内只有一家企业使用该技术。

（3）技术应用

废酵母回收生产饲料及深加工技术适用于所有啤酒企业。

3.3.2 废硅藻土回收再利用技术

（1）技术描述

每生产 1 kL 啤酒，一般要用 0.5～1.2 kg 的硅藻土（平均消耗 0.8 kg）。按我国目前年产 4483 万 kL 啤酒计，每年就约产生 3.5 万 t 的硅藻土固体废弃物。硅藻土泥中含有许多酵母菌和蛋白质等有机杂质，因此不能直接排入下水道，也不能直接堆放在露天，因为酵母发酵、有机物分解将产生恶臭，并污染环境，而且世界卫生组织认为长期吸入硅藻土粉尘将导致肺病。

目前啤酒行业采取的方法是收集过滤后的废土，阻止其冲洗后进入污水处理车间。再利用技术包括：

1）直接当垃圾排放填埋。国内一般厂家，通常将废硅藻土直接排放到垃圾箱内与普通垃圾混在一起，再拉到城市公用垃圾场，或埋入地坑内。

2）用于农田生产：将硅藻土泥与 CaO 混合，能形成一种不流动的颗粒物质，适合作为一种土壤改良剂在农业中应用。也有研究认为把废硅藻土重新压滤，湿硅藻土饼可再进行干燥、回收撒入农田中。

3）做建筑材料用于水泥工业，制砖、铺路等，还有做绝缘、保温材料，做水玻璃添加剂等。如废硅藻土在 400～800℃的温度下煅烧，除去有机物质，再与水、石灰泥或液压混合物混合，可成为良好的隔音材料。

（2）技术指标

回收利用率可达 100%。

（3）技术应用

国内啤酒企业废土的处理方式是直接填埋，很少进行再利用。

3.3.3 麦糟回收再利用技术

（1）技术描述

麦糟是啤酒酿造生产的主要废弃物之一，占啤酒总产量的 15%～18%，麦糟中含有丰富的营养物质，利用麦糟可提取膳食纤维、生产木聚糖酶、食醋、酱油等，但这些深加工技术还处于试验阶段，并没有工业化应用，目前国内麦糟的深加工途径主要是生产饲料。

1）湿麦糟生产饲料。啤酒企业每生产 1 kL 啤酒就可产生约 0.15 t 的湿麦糟，目前许多啤酒企业处理麦糟的方法是直接出售湿麦糟，这种方法简单方便，每吨湿糟售价约为 300 元，主要用于与饲料衔接较好的地带。

2）麦糟干燥生产饲料。主要过程为：将啤酒厂糖化车间产生的含水率在 85%左右的湿糟先进行机械脱水，使物料含水率降到 60%～65%，再将其松散后送入流化床干燥机，经过气流干燥使物料含水率降到 13%以下，然后经冷却、粉碎、包装后，作为产品出厂，干糟售价约为 1 000 元，经济效益比较高。

（2）技术指标

麦糟干燥生产饲料加工设备技术指标：①干糟生产能力 250～300 kg/h；②配套啤酒产量 25 000～40 000 kL/a；③成品含水率≤13%；④蛋白含量 22%～28%；⑤干燥获得量 1 200～1 500 t/a；⑥湿糟夹带水的去除率 100%。

总投资 49.96 万元；主体设备寿命约 20 年；投资回报年限 2 年；净效益 34 万元/a；综合经济效益 39 万元/a；效费比 1.63。

（3）技术应用

该技术适用于年产 10 万 kL 以上的啤酒企业。

3.3.4 错流膜过滤（CMF）技术

（1）技术描述

啤酒错流过滤技术是 20 世纪 90 年代开发的新技术。它的成功之处在于啤酒过滤不再依靠助滤剂，而使啤酒的过滤一次性完成，不必再从酵母中回收啤酒，且可以通过过滤达到无菌状态，不需巴氏灭菌。

传统的过滤技术是静态的，而错流过滤是动态的。错流过滤技术与一般过滤技术的区别如图 3-7 所示。在错流过滤中，啤酒不能像在静止过滤中那样横向流过过滤膜层，一是因为膜很快被堵；二是因为压差可把很薄的膜冲破。因此，啤酒以与膜面平行的方向前进，并不断冲洗膜，始终只会有很少量的沉积物停留于膜上，从而达到截留颗粒和澄清酒液的目的，这种过滤方式就被称为“错流过滤”。

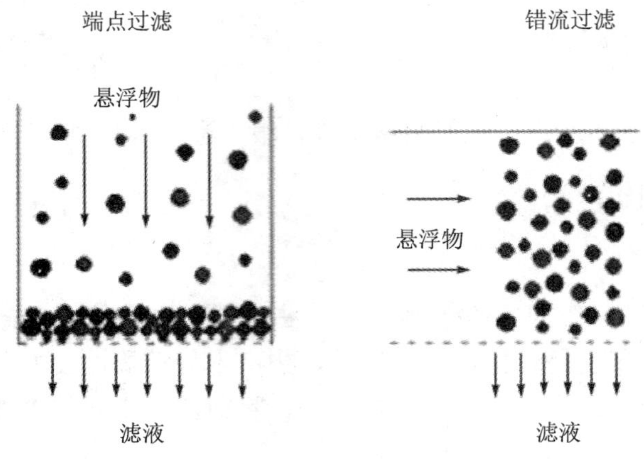

图 3-7　与端点过滤相比，错流过滤的原理

错流过滤系统一般应用于反渗透、纳滤、超滤和微滤中，这取决于膜的孔径大小。

（2）技术指标

我国的生产实验数据表明，经错流膜过滤后的清酒液达到如下指标：酒损小于 0.2%，啤酒风味稳定性和纯净性、敏感蛋白含量、冷混浊数值、可溶性铁含量及冷热强化测试后浊度等明显优于硅藻土过滤的啤酒，浊度≤0.5EBC，β-葡聚糖≤100×10^{-6}，菌落总数≤5 个/1 mL，酵母数≤1 个/100 mL，啤酒有害菌 0 个/100 mL。

与硅藻土过滤相比，使用错流过滤每千升啤酒耗水量可减少 25%，耗电减少 35%左右，降低酒损 0.012 kL、减少硅藻土废弃物 1.0 kg、减少污水处理（排放）量 0.03 m^3。

啤酒错流过滤的成本可分成 3 个部分，第一个是硬件的成本比例为 30%；第二个是膜组的成本比例为 48%；第三个是运行成本比例为 22%，而这 22%的运转成本中各种费用占的比例分别为：电力 30%、水 25%、冷却 18%、蒸汽 13%、碱液 13%，其他再生化学药品 3.5%，酒损 0.5%。可见错流膜过滤技术的运行成本是比较高的。

（3）技术应用

错流膜过滤技术目前在国内只有少数企业应用。

3.3.5 其他固体废弃物的回收利用及处理处置技术

固体废弃物处理中最重要的参数是废弃物的分类，啤酒生产中大多数废弃物可重复使用或作为副产物进行回收处理。以下我们将对不同类型废弃物的处理方法进行说明。

对于使用回收瓶的啤酒企业，则很大一部分固体废弃物是碎玻璃，该类废弃物可进行回收用于制造新的玻璃制品，但要求碎玻璃不能附着其他物质，如金属和纸。另外碎玻璃也可进行填埋处理。

回收瓶清洗过程中出现的标签可用作堆肥或回收用于生产新纸，如果不回收利用，则这些标签废弃物必须进行卫生填埋处理，纸浆中可能会含有腐蚀性液体和来源于油墨的重金属。

啤酒企业也会产生大量的塑料和纸板废弃物，这些塑料和纸板都应该分开放置进行回收处理。

啤酒企业其他固体废弃物，最好的处理方法是分开放置，以有利于将废纸、纸箱、金属和木材分离，如果单独存放，则大多数废弃物均可回收用于新材料的制作原料或燃烧处理。

3.4 气体废弃物减排技术

3.4.1 CO_2 回收利用技术

（1）技术描述

CO_2 是啤酒发酵过程中最重要的副产品之一，经过回收净化后，又是啤酒生产过程中许多环节必不可少的工作介质和添加剂，如清酒罐背压、灌装机背压、过滤添加、制备脱氧水等，所以，一般大中型啤酒厂都配备有 CO_2 回收净化装置，以达到资源综合利用，降低生产成本的目的。

CO_2 回收工艺可分为三种：低压法、中压法和高压法（见表 3-2），目前中压法的设备投资比低压法和高压法要大一些，但是中压法回收的 CO_2 纯度高，可采用低温储罐储存，可用管网连续供气，使用方便灵活，所以为目前国内外厂家所广泛选用，是 CO_2 回收工艺的主流。

表 3-2　3 种 CO_2 回收工艺的比较

回收工艺 / CO_2 参数	低压法	中压法	高压法
压力/MPa	0.6～0.8	1.6～2.5	6.0～9.0
液化温度/℃	−50～−42	−25～−12	20～30
密度/（kg/m^3）	18～24	994～1 052	595～743
纯度/%	气源决定	99.90～99.98	气源决定
贮存方式	无法贮存	低温储罐	钢瓶储存
供气方式	管道断续	管道连续	钢瓶搬运

CO_2 的回收过程包括 CO_2 的收集、压缩、干燥、净化和液化处理，主要工艺流程如图 3-8 所示。

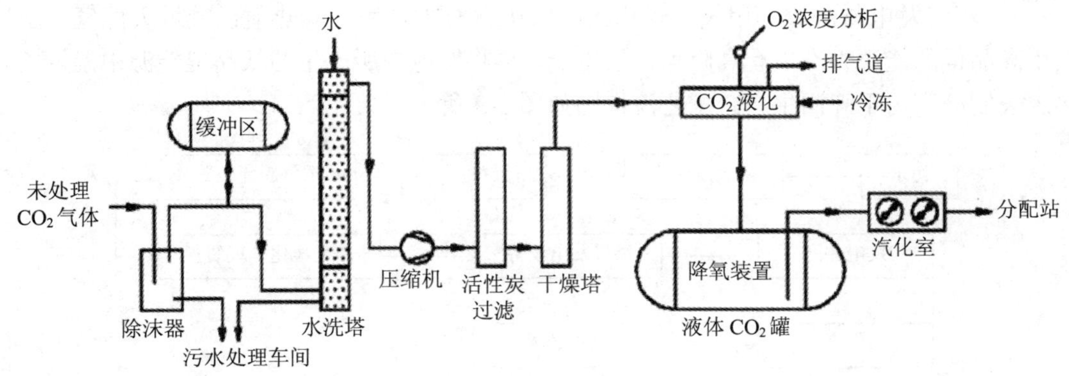

图 3-8　大型啤酒企业 CO_2 回收工艺流程

（2）技术指标

啤酒企业 CO_2 回收设备的配置能力与企业产量的关系见表 3-3。

表 3-3 CO_2 回收装置的能力与啤酒产量的关系

啤酒年产量/（万 kL/a）	5	10	15	30	60
回收装置的能力/（kg/h）	150	300	500	1 000	2 000

CO_2 回收，可以节约资源，节省成本，同时有利于环境保护，啤酒企业如果有 CO_2 回收装置，则 CO_2 排放量可降低 20 kg/kL 啤酒。

购买 CO_2 回收设备需要资金投入，资金回收期一般为 2 年左右。

（3）技术应用

啤酒企业普遍使用，可使用回收 CO_2 的工艺包括啤酒充气、作为产品配剂的一种载体、过滤系统、罐和瓶背压。

3.4.2 废水厌氧发酵生产沼气回收综合利用技术

（1）技术描述

啤酒生产产生大量废水，COD 为 1 000～1 500 mg/L，BOD 为 600～900 mg/L，采用厌氧生物处理技术（如 UASB 技术）处理啤酒废水，既可以满足废水达标排放的要求，同时还可以回收厌氧发酵产生的沼气，每千升啤酒的当量废水约产生 6 m^3 标态沼气。每立方米标态沼气相当于 0.8 kg 标煤发热量，沼气利用率可达 99%。

目前沼气利用一般有三种方式：

1）将沼气直接引入锅炉燃烧，但沼气要经深度除杂处理。因为沼气中含有硫化氢等硫化物，遇水或湿气产生酸性物质，对设备造成腐蚀，应用沼气必须保证锅炉的安全运行，因此设备投资很大。

2）沼气热风干燥技术是将沼气引入热风炉中燃烧产生热风，然后直接将热风引入麦糟烘干机中利用，设备投资较低，约是引入锅炉燃烧的 1/8，沼气利用率可达 99%，因此是很实用的方法，工艺流程如下：

啤酒废水→厌氧处理池→沼气（主要成分：CH_4、CO_2、N_2、H_2、O_2、H_2S 等）→沼气燃烧炉→烘干废酒糟、废酵母

3）沼气发电与制冷利用技术。由于沼气中含有大量甲烷，热值已接近天然气，所以采用高品位的能源先产生有高附加值的电能，再将发电中所产生的低品位能源中温烟气及热水去制冷，用于啤酒生产。工艺流程图如图 3-9 所示。

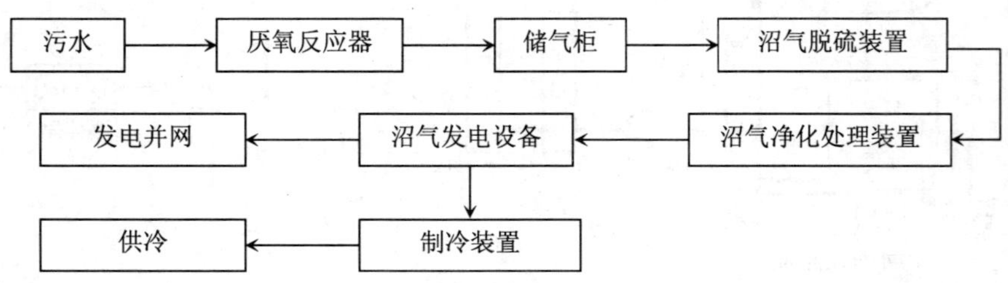

图 3-9 沼气回收利用工艺流程

（2）技术指标

沼气引入锅炉燃烧技术，设备投资情况：如 25 万 t 啤酒的沼气送入锅炉燃烧需要 100 多万元投资；能源利用情况：锅炉的热效率一般为 70%左右，损失了 30%的能量，然后再用蒸汽换热器加热热风，换热效率为 90%左右，又浪费了 10%的能量。两者相加等于只有 60%的沼气得到有效利用。

沼气热风干燥技术，沼气利用率可达 99%以上（仅有的损失为热风散热损失），投资总额为 13 万元（两台热风炉），是引入锅炉燃烧投资的 13%。按年产 250000 kL 啤酒折算，保守估计每年有效利用副产沼气 150 万 m^3，折标准煤 1500 t。由于沼气热风比蒸汽加热温度高，缩短了烘干时间，每年节约电力 60 万 kW·h。每年相应减少 120 万 m^3（燃烧后产生的 CO_2 温室气体是 CH_4 的 1/5）温室气体排放。

沼气发电机组月发电量可达 50 万～70 万 kW·h，制冷量相当于超过耗电 200 万 kW·h 的制冷机组，年节约量折合标煤 3600 多 t。国内某企业投资 3000 万元，年节能效益 500 万元，投资回收期 6 年。

（3）技术应用

该技术适用于年产啤酒 10 万 t 以上的啤酒企业，目前余热利用技术在大型啤酒企业已普遍应用，但沼气发电技术国内使用企业只有 1～2 家。

3.5 废水末端治理技术

啤酒制造业废水末端治理技术主要包括废水的收集、处理、利用与排放。

啤酒制造业废水末端治理技术应优先考虑资源化利用，削减污染负荷，并严格控制污染物排放。出水应以回收利用为主，达到相关标准后可回用于绿化及其他用途或排放。

3.5.1 前处理

废水前处理的目的是降低对下水道的损害危险，确保下水道下游工人的工作环境。啤酒废水进行回收处理和集中处理应根据进水水质，采用前处理技术。前处理包括中和、匀质（调节）、拦污、混凝、气浮/沉淀等处理单元。

拦污是用粗格栅、水力筛、细格栅拦截较大的固体悬浮物。

混凝沉淀法是向废水中投加混凝剂，使部分污染物形成絮状体，与水分离，沉淀去除。

气浮法是投加化学药剂将废水中污染物通过微小气泡携带浮出去除。

采用上述前处理技术，可将啤酒废水中的污染物浓度降到符合进入集中处理单元的水质要求，减轻后续生化处理的难度和负荷。

3.5.2 厌氧处理技术

3.5.2.1 水解酸化池

（1）技术描述

前处理后的废水进入水解酸化池，大分子有机物先水解为小分子有机物，水解后的小分子有机物进一步转化为简单的化合物并分泌到细胞外，使得有机物得到降解。

（2）技术指标

水解酸化有机负荷为 0.5～2 kg COD/（m^3·d），水力停留时间为 3～5 h。水解酸化池对污染物的去除效率 COD 为 15%～30%。该技术适用于啤酒中低浓度工艺废水的厌氧处理。采用该技术耐冲击较好，接后续生物接触氧化法、活性污泥法等工艺，对废水进行进一步降解。

该系统的单方建设投资为 800～1 000 元/t 水。该系统的单方运行费低于 0.15 元/t 污水。

（3）技术应用

大约 17% 的啤酒企业应用水解酸化技术对混合废水进行厌氧处理。

3.5.2.2 升流式厌氧污泥床（UASB）

（1）技术描述

前处理后的废水进入 UASB，污水从厌氧污泥床底部流入污泥层中与污泥进行混合接触，污泥中的微生物分解污水中的有机物，转化为沼气导出；泥水混合液经过反射进入三相分离器的沉淀区，污水中的污泥絮凝沉降，污泥分离后的处理出水从沉淀区溢流堰上部溢流排出。

（2）技术指标

升流式厌氧污泥床载荷最高可达 60 kg COD/（m^3·d），水力停留时间为 4 h。UASB 对污染物的去除效率 COD 为 85%～90%，悬浮物为 80%～88%，BOD 为 50%～75%。该技术截留污泥量大，颗粒化程度好，处理能力强，污泥床不填加载体，节省造价，而且避免了填料堵塞问题，适用于处理啤酒高浓度工艺废水。处理后出水接后续好氧处理，进一步降解有机物。

该系统的单方建设投资为混凝土结构 600～900 元，钢结构 1 800～2 000 元/t 水。该系统的单方运行费 0.20 元/t 污水。

（3）技术应用

大约 50% 的啤酒企业应用升流式厌氧污泥床技术对混合废水进行厌氧处理。

3.5.2.3 厌氧颗粒污泥膨胀床（EGSB）

（1）技术描述

该技术是第三代厌氧反应器，其构造与 UASB 反应器有相似之处，可以分为进水配水系统、反应区、三相分离区和出水渠系统。与 UASB 反应器不同之处是，EGSB 反应器设有专门的出水回流系统。颗粒污泥的膨胀床改善了废水中有机物与微生物之间的接触，强化了传质效果，提高了反应器的生化反应速度，从而大大提高了反应器的处理效能。

（2）技术指标

利用 EGSB 处理啤酒废水，工作温度在 25～30℃时，COD 去除速度稳定在 10.40 kg/d，容积负荷 COD 高达 30 kg/（m^3·d）。EGSB 对污染物的去除率优于 UASB。该技术处理效率高，耐冲击负荷能力强，占地面积小；可用于 SS 含量高的和对微生物有毒性的废水处理。适用于处理啤酒高浓度工艺废水。处理后出水接后续好氧处理如 SBR 等，进一步降解有机物。

EGSB 的单方建设投资为 2 000～2 200 元/t 水（钢结构）。该系统的单方运行费 0.20

元/t 污水。

（3）技术应用

应用厌氧颗粒污泥膨胀床技术对混合废水进行厌氧处理的企业较少，约占 9%。

3.5.2.4 气提式内循环厌氧反应器（IC）

（1）技术描述

IC 反应器由两个 UASB 反应器上下叠加串联构成，废水经 pH 和温度调节，首先进入反应器底部混合区，与内循环泥水混合液充分混合后进入颗粒污泥膨胀床区进行 COD 生化降解，产生大量沼气导出，泥水混合液进入反应器底部混合区，并与进水充分混合后进入污泥膨胀床区，形成内循环。经过精处理区处理后的废水经二级三相分离器，上清液外排。

（2）技术指标

IC 反应器有机负荷为 18～40 kg COD/（m^3·d）。水力停留时间为 2～5 h。IC 反应器对污染物的去除效率 COD 为 75%～80%，BOD 为 80%～85%。该技术耐冲击负荷性能强，处理效率高；剩余污泥少，且容易脱水；适用于处理啤酒高浓度工艺废水。且运行稳定性好；占地面积省；内循环在沼气的提升作用下实现，无外加能源；启动时间较 UASB 短。处理后出水接后续好氧处理，进一步降解有机物。

IC 的单方建设投资为 2 000～2 500 元/t 水（钢结构）。该系统的单方运行费 0.25 元/t 污水。

（3）技术应用

有一部分啤酒企业应用此技术对混合废水进行厌氧处理，约占 15%。

3.5.3 综合废水好氧生物处理和缺氧生物处理实用技术

废水的好氧处理技术有多种形式，针对啤酒行业废水的特点，以及大量的工程实例，本研究筛选出适合啤酒行业的好氧技术如下。

3.5.3.1 活性污泥法处理技术（AS）

（1）缺氧/好氧法（A/O）

1）技术描述

缺氧/好氧法（A/O）是废水依次进入缺氧池和好氧池，利用活性污泥中的微生物降解废水中的有机污染物。

2）技术指标

该技术适用于啤酒废水的好氧处理及生物脱氮除磷。A/O 工艺污水净化效果好，可有效控制活性污泥膨胀，具有较强的抗冲击负荷能力。A/O 工艺的污染物去除率 SS 为 70%～90%，BOD 为 80%～90%，COD 为 70%～80%，TN 为 60%～80%，氨氮为 80%～90%，TP 为 60%。

A/O 工艺的单方建设投资为 1 200～2 500 元/t 水，该系统的单方运行费为 0.40～0.50 元/t 污水，耗电量为 0.22～0.30 kW·h/m^3。

3）技术应用

有部分企业采用此法用于啤酒混合废水的好氧处理，约占 8%。

（2）序批式活性污泥法（SBR）及其变形工艺

1）技术描述

SBR 法是在同一反应池（器）中，按预先设置好的时间顺序进水、曝气、沉淀、排水和待机 5 个基本工序完成污水处理。循环式活性污泥工艺（CASS 或 CAST 工艺）是其主要变形工艺。

2）技术指标

该技术适用于啤酒废水的好氧处理及生物脱氮除磷。SBR 及其变形工艺污水净化效果好，可有效控制活性污泥膨胀，具有较强的抗冲击负荷能力。尤其 SBR 流程中可不设二沉池，不需要污泥回流，构筑物较集中，自动化程度高，易于灵活控制，更适于一体化设备需要。SBR 工艺的污染物去除率 SS 为 70%～90%，BOD 为 70%～90%，COD 为 70%～80%，TN 为 55%～85%，氨氮为 85%～95%，TP 为 50%～75%。

SBR 工艺的单方建设投资为 1 300～3 000 元/t 水，该系统的单方运行费为 0.35～0.50 元/t 污水，耗电为 0.63 kW·h/m^3。

3）技术应用

啤酒企业采用 SBR 及其变形工艺应用于啤酒混合废水的好氧处理大约占 26%。

（3）氧化沟法

1）技术描述

氧化沟是活性污泥法的一种变形，其曝气池呈封闭的沟渠型，所以它在水力流态上不同于传统的活性污泥法，它是一种首尾相连的循环流曝气沟渠，污水渗入其中得到净化。

2）技术指标

与其他污水生物处理方法相比，氧化沟具有处理流程简单，操作管理方便；出水水质好，工艺可靠性强；基建投资省，运行费用低等特点。其最大的优点是在不外加碳源的情况下在同一沟中实现有机物和总氮的去除，因此是非常经济的。氧化沟的污染物去除率 SS 为 70%～90%，BOD 为 70%～90%，COD 为 70%～85%，TN 为 45%～85%，氨氮为 70%～85%，TP 为 40%左右。

氧化沟工艺的单方建设投资为 1 500～2 000 元/t 水，该系统的单方运行费为 0.35～0.60 元/t 污水。

3）技术应用

有部分企业采用此法用于啤酒混合废水的好氧处理，约占 8%。

（4）深井曝气法

1）技术描述

深井曝气法又称超水深曝气活性污泥法，是以地下深井作为曝气池的活性污泥法。曝气池由下降管和上升管组成，将废水和污泥引入下降管，在井内循环，当空气注入下降管或同时注入两管中时，混合液则由上升管排至固液分离装置，即废水循环靠上升管和下降管的静水压力差进行。

2）技术指标

深井曝气的深度可达 100～300 m，废水进入并与回流污泥在井上部混合后，混合液沿井内中心管以 1～2m/s 的流速（超过气泡上升速度）向下流动。此法可提高处理效果（BOD 去除率达 85%～95%），降低处理成本，节约用地。深井曝气法充氧能力强，可达常规法的 10 倍，动力效率高，占地少，处理功能不受气候条件影响，适用于各种气候条件。一般深井曝气法更适合生活污水等有机物浓度不高的污水，处理工业污水效果不是很好。

深井曝气工艺的单方建设投资为 3 000～6 000 元/t 水；该系统的单方运行费为 0.4～0.55 元/t 污水；耗电为 0.8 kW·h/kgBOD。

3）技术应用

有大约 8%的啤酒企业采用此法进行处理。

3.5.3.2 兼氧膜生物反应器

（1）技术描述

MBR 是以分离膜（通常采用超滤膜）为过滤介质，把生物反应与膜分离技术相结合，在一个反应器内完成生物反应和固液分离过程。

（2）技术指标

污水好氧生化处理，进水 BOD/COD 宜大于 0.3。膜生物反应池进水 pH 值宜为 6～9。污泥负荷 FW 宜为 0.1～0.4 kg/（kg·d）；MLSS 宜为 3～10 g/L；水力停留时间宜为 4～8 h。处理后排放浓度：BOD≤20 mg/L，COD≤80 mg/L，NH_3-N≤15 mg/L，TP≤3 mg/L。该技术具有处理效率高、出水水质好、设备紧凑、占地面积少、抗冲击负荷能力强，剩余污泥减少 50%～70%等优点。该技术适用于啤酒废水的好氧处理及生物脱氮除磷。

MBR 一体化装置的单方建设投资为 2 500～4 000 元/t 水（钢结构）；该系统的单方运行费为 0.6～0.8 元/t 水；耗电为 0.2～0.36 kW·h/m^3。

（3）技术应用

有部分追求高处理效率的企业采用此方法，约为 8%。

3.5.3.3 生物接触氧化法

（1）技术描述

生物接触氧化技术属生物膜法处理技术，由填料和曝气系统两部分组成。在填料表面形成生物膜，污染物通过微生物分解去除，出水经沉淀池固液分离后排出。

（2）技术指标

生物接触氧化池填料宜采用立体弹性填料或组合填料，填料层高度宜为 2.5～3.5 m，有效水深宜为 3～5 m，超高不宜小于 0.5 m。出水采用堰式出水，出水堰的过堰负荷宜为 2.0～3.0 L/（s·m），池底应设排泥和放空设施。向池内通入的空气量应满足气水比 15∶1～20∶1。生物接触氧化技术对污染物去除效率 COD_{Cr} 为 60%～90%，悬浮物为 70%～90%，BOD 为 70%～95%，氨氮为 50%～80%，总氮为 40%～80%。该技术动力消耗主要用于好氧池的充氧，出水可直接回用于灌溉或排入水体。该技术适用于啤酒废水的好氧处理及生物脱氮除磷。

小型生物接触氧化污水处理一体化系统的单方建设投资为 2 000～4 000 元/t 水，该系统的单方运行费为 0.4～0.5 元/t 水，耗电为 0.4～0.5 kW·h/m^3。

（3）技术应用

有相当多的啤酒企业采用生物接触氧化法对混合污水进行好氧处理，约占啤酒企业的42%。

3.5.3.4 兼氧生物膜法

（1）技术描述

兼氧（缺氧、好氧）生物膜反应器采用高效生物膜填料，可大幅度增加生物量，提高反应速率和污染物去除效率，可以改变反应进程，提高污泥龄和污泥浓度，水力停留时间不超过 4 小时，提高反应效率和处理效果，减少占地和污泥量。

（2）技术指标

该技术具有处理效率高、脱氮除磷效果好、出水水质好、池容小、设备紧凑、占地面积少、抗冲击负荷能力强，剩余污泥可大量减少，可实现无人操作等优点。

兼氧生物膜反应器的污染物去除率 SS＞90%，BOD≥95%，COD≥90%，TN≥85%，氨氮≥95%，TP≥90%。

此工艺的单方建设投资为 800～1 500 元/t 水，该系统的单方运行费为 0.3～0.4 元/t 污水，耗电量为 0.23～0.28 kW·h/m^3。

（3）技术应用

兼氧生物膜反应器为较新工艺，目前啤酒企业较少采用此法。因此法结合了缺氧/好氧和生物膜两个技术的优势，是今后发展的方向，推荐兼氧生物膜反应器作为啤酒企业好氧处理采用的技术。

3.5.4 深度处理技术

啤酒废水深度处理是指为回收利用生产废水或实现“零排放”的污水处理目标，采用常规生物处理法以外的污水处理工艺，将生化法处理后的出水进一步处理，以降低废水中的有机污染物浓度和总氮、总磷含量，获得较为优质的处理出水的过程。

深度处理通常采用的处理工艺主要有以下方法：

（1）物化投药法废水处理工艺。包括“混凝+气浮/沉淀”或“混凝+气浮+吸附/过滤”等，也包括“化学除磷”工艺。

（2）化学氧化法废水处理工艺。包括“高级氧化法”，如湿式催化氧化法、臭氧氧化法、电解氧化法等。

（3）物化分离法废水处理工艺。包括“过滤+膜分离”工艺，或蒸发浓缩技术等。

（4）生物强化技术，如投加高效生物酶和生物菌剂，或采取适合低负荷处理的“曝气生物滤池（BAF）”法等。

采用上述深度处理技术，可进一步去除啤酒废水中的悬浮物、有机污染物和总磷，使其达到用水水质的要求。

3.5.4.1 混凝+气浮/沉淀

此方法是向废水中投加混凝剂，使部分污染物形成絮状体，与水分离，沉淀去除或者气浮去除的方法。

此法具有处理流程简单，操作管理方便；出水水质好，工艺可靠性强；基建投资省，运行费用低等特点。处理后的出水能达到回用标准。

目前啤酒企业较少采用废水的深度处理技术。

3.5.4.2 混凝+气浮+吸附/过滤

此方法是在混凝+气浮的基础上增加了吸附和过滤，更好地去除悬浮物等有机物。

此法具有处理流程简单，操作管理方便；出水水质好，工艺可靠性强；基建投资省，运行费用低等特点。处理后的出水能达到回用标准。

目前啤酒企业较少采用废水的深度处理技术。

3.5.4.3 化学除磷

化学除磷是采用投加化学药剂的方法去除磷。

此法处理非常简单，操作管理非常方便，只去除磷和一定量的悬浮物，基建投资较少，运行费用主要是投加药剂费用。处理后的出水的 TP≤3 mg/L。

目前企业较少采用此法，因新的啤酒排放标准的发布，对总磷的排放提出了新的要求，除磷将成为啤酒企业今后末端处理较为重要的部分，本报告推荐使用此法处理总磷的含量。

3.5.4.4 过滤+膜分离

过滤+膜分离技术是好氧出水后，通过过滤达到膜反应器的进入条件，通过膜的分离作用去除有机物的方法。

此法具有处理流程简单，操作管理方便；出水水质相当好，工艺可靠性强；膜的投资较大，运行费相对较高。处理后的出水能达到回用标准。

目前啤酒企业较少采用废水的深度处理技术。

3.5.4.5 投加高效生物酶和生物菌剂

此法是采用投加一些生物菌或者酶的方式去除有机物。

此法处理非常简单，操作管理非常方便，对菌剂和酶的要求比较好，主要的费用为菌剂和酶的开发和培养费用。处理后的出水能达到回用标准。

目前啤酒企业较少采用废水的深度处理技术。此法是今后的发展方向之一。

3.5.4.6 曝气生物滤池（BAF）

曝气生物滤池是一种新型生物膜法污水处理工艺，采用生物膜加曝气的方式对有机物进行去除。

该工艺有较好的去除 SS、COD、BOD、硝化、脱氮、除磷、去除 AOX（有害物质）的作用。曝气生物滤池集生物氧化和截留悬浮固体于一体，节省了后续沉淀池（二沉池），具有容积负荷、水力负荷大，水力停留时间短，出水水质好，运行能耗低，运行费用少的特点。它对进水 SS 要求较严（一般要求 SS≤100 mg/L，最好 SS≤60 mg/L）。同时，它的反冲洗水量、水头损失都较大，且相对于其他深度处理的基建费用较高。处理后的出水能达到回用标准。

目前啤酒企业较少采用废水的深度处理技术。

3.6 恶臭污染减排技术

啤酒行业恶臭产生分为生产工艺过程产生的恶臭和末端处理产生的恶臭。工艺恶臭为煮沸过程中产生的恶臭，主要成分为甲醛、硫化氢、吲哚、吡啶等。末端处理产生恶臭为格栅间、调节池、水解酸化池、生物处理池、污泥储池、污泥脱水处理间等位置产生的恶臭，主要由氨气、硫化氢、硫醇、VFAs、VOCs 等组成。

生产工艺煮沸过程产生恶臭的工序构筑物应采取密闭收集措施，并对其进行除臭处理。

末端处理产生恶臭的位置应设置臭气收集装置，并进行除臭处理。除臭工艺宜采用物理、化学和生物法相结合的组合技术，常用的除臭工艺包括吸附法、高级氧化法（臭氧氧化或光催化氧化）、化学法（碱吸收）、生物法（生物吸附或生物过滤）等。啤酒工厂排放的各类废渣应堆放在密闭车间，并设置废气收集、处理装置。可采取掩蔽法（喷洒化学药剂、生物制剂）进行除臭。

3.6.1 吸附法

（1）技术描述

利用活性炭、硅胶、沸石等对气体具有强吸附能力的物质去除恶臭物质。本方法主要应用于末端处理产生的恶臭。

（2）技术指标

该方法管理简便、可回收所吸附的有用物质、吸附无选择性、负荷变化影响小，但是只是恶臭物质富集转移，而非根治的方法，尚需对富集的恶臭物质进行后续处理，而且吸附受臭气中水分影响，费用高。

（3）技术应用

此技术在啤酒行业应用较少，因它的局限性也不推荐作为啤酒行业除臭的主要方法。

3.6.2 高级氧化法——臭氧氧化

（1）技术描述

高级氧化法是利用臭氧、光化学、光催化氧化等强氧化性以及光电化学新技术除臭的方法，主要应用于末端处理产生的恶臭。臭氧处理法在恶臭去除方面应用得比较成功。臭氧处理系统主要包括排气扇、臭氧扩散器、臭氧接触室、输送管网、臭氧生成系统和自动控制系统等。

（2）技术指标

用来分解恶臭物质的臭氧剂量取决于污染物的种类和浓度。一般而言，臭氧剂量在 1×10^{-6}～25×10^{-6} 之间。然而，当产生的废气中污染物浓度很高时，臭氧不能完全氧化这些污染物。另外，未使用的残余臭氧本身又是一种空气污染物。

（3）技术应用

啤酒行业中应用高级氧化法，尤其是臭氧氧化的企业较少，没有成为行业普遍采用的方法。

3.6.3 化学法

（1）技术描述

化学除臭，主要是利用化学药剂或化学方法与恶臭物质的成分进行反应，生成无臭物质而达到脱臭目的的方法，主要应用于末端处理产生的恶臭。所用化学药剂主要为氢氧化钠、碳酸钠、硫酸、盐酸等，反应原理为利用酸碱中和进行脱臭。处理工艺主要采用湿法化学吸收法。

（2）技术指标

化学除臭的去除效率较高，反应速度快、反应温度低、安全高效、运行可靠、占地相对较小，适于排放量大、浓度高的臭气排放场合。但是需要对吸收后产生的废液进行处理，防止二次污染。

（3）技术应用

此方法较少用于啤酒生产企业的恶臭处理，因可能造成二次污染，不推荐作为啤酒企业除臭的方法。

3.6.4 生物法

（1）技术描述

生物法是利用微生物对恶臭成分的生物吸附降解功能达到脱臭目的的方法，主要应用于末端处理产生的恶臭。该法通过惰性填料负载微生物对恶臭进行吸收、吸附、传质、生物降解。

（2）技术指标

该方法所需设备简单、费用低廉、不需要再生和后续处理、能耗少、管理维护方便。投资成本每 1 000 m^3 废气成本 10.52 万元。

（3）技术应用

啤酒企业主要采用该方法进行恶臭处理。

3.7 噪声污染治理技术

啤酒企业产生的噪声可分为交通噪声和固定噪声源。交通噪声由运输卡车和叉车产生，固定噪声源是啤酒企业噪声产生的主要途径，它包括冷凝器和冷却塔等固定设备。由于噪声源较多，噪声类型也不尽相同，治理噪声应主要从三个环节进行考虑：根治声源噪声、在传播途径上控制噪声、在接受点进行个体防护。

（1）根治噪声源，是一种最积极、最彻底的措施。在满足工艺设计的前提下，尽可能选用低噪声设备，采用发声小或基本不发声的装置，在工艺路线上为尽早治理打下良好的基础。

（2）在传播途径上控制噪声，是目前工厂常用且最有效的噪声控制技术。在设计中，着重从消声、隔声、隔振、减振及吸声上进行考虑，如通过在输送设备的外部包装一层隔声材料来降低噪声的影响，在冷凝器和冷却塔的空气进出口安装静音设备以降低这两个设备产生的噪声。

（3）在其他措施不能实现时，个人防护也是一种经济有效的噪声控制方法。主要措施有在工段中设置必要的隔声操作间、控制室等，使室内的噪声符合有关卫生标准。

3.8 污泥的无害化处理处置技术

污泥是指啤酒废水预处理产生污泥和混合废水处理产生的剩余污泥。污泥处理包括污泥浓缩、污泥脱水、污泥处置等处理单元。污泥浓缩宜采用浓缩池工艺，也可以采用机械浓缩工艺。污泥脱水可根据污泥产生量选用离心机、板框压滤机或带式压榨过滤机。

污泥经浓缩后先进行厌氧消化处理再进行脱水。脱水的厌氧消化污泥堆肥烘干后可以作为肥料利用；无利用途径的送往指定的垃圾填埋场进行填埋处置。

3.8.1 污泥浓缩

重力浓缩法采用污泥浓缩池，浓缩池的构造类似沉淀池，大多采用直径为5～20m的圆池，内设搅拌机械做缓慢搅拌。污泥在浓缩池中的停留时间，一般为12h左右。在浓缩池中，固体颗粒借重力下降，水分从泥中挤出，浓缩污泥从池底排出，污泥水从池面堰口外溢（连续式）或从池侧出水口流出。该方法简单可行，基建投资费较少，浓缩效果一般，但是一般污泥浓缩池会产生臭气。一般啤酒企业不采用此法。

机械浓缩法是指采用气浮浓缩法或离心浓缩法，气浮浓缩法是使污泥颗粒附上微细气泡而上浮至水面，然后用刮板将浓缩污泥刮入排泥槽，污泥水则从池底流出。离心浓缩法，在专门制造的离心浓缩器中进行。利用污泥中固、液比重不同，有不同离心倾向，以分离泥水，达到浓缩的目的。机械浓缩法具有处理流程简单，操作管理方便；浓缩效果好，工艺可靠性强；基建投资费用较浓缩池要高，运行费用低等特点。一般啤酒企业采用此法对污泥进行浓缩。

3.8.2 污泥脱水

污泥机械脱水法有过滤和离心法。过滤是将湿污泥用滤层（多孔性材料如滤布、金属丝网）过滤，使水分（滤液）渗过滤层，脱水污泥（滤饼）则被截留在滤层上。过滤法用的设备有真空过滤机、板框压滤机和带式过滤机。真空过滤机连续进泥，连续出泥，运行平稳，但附属设施较多。板框压滤机为常用设备，过滤推动力大，泥饼含水率较低，进泥、出泥是间歇的，生产率较低。带式过滤机是新型的过滤机，有回转带，一边运泥，一边脱水，或只有运泥作用。真空过滤的泥饼含水率为60%～80%，板框压滤为45%～80%。

离心法是借污泥中固、液比重差所产生的不同离心倾向达到泥水分离。离心法常用卧式高速沉降离心脱水机，转速一般在3000 r/min左右或更高。离心脱水机为连续生产和自动控制，卫生条件较好，占地也小，但对污泥预处理的要求较高。泥饼含水率离心脱水为80%～85%。

3.8.3 污泥集中处置

脱水后的污泥要进行集中处置，当含水率小于80%时可以考虑经干化处理后再进行焚烧处置；当含水率小于 60%时可进行集中填埋处置；当含水量小于 50%时可以直接作为辅助燃料焚烧处置。

3.9 啤酒工业污染防治新技术

新型无土过滤技术

（1）技术描述

Crosspure®（以下简称 CP）是 BASF 最新开发的，对啤酒、饮料同时进行过滤和稳定处理的“二合一方案”助滤剂。它是由聚苯乙烯和聚乙烯吡咯烷酮（PVPP）通过专利的复合工艺生产而成。被用来作为一种可循环使用的，代替硅藻土和 PVPP 的过滤助剂，去除啤酒、饮料中的悬浮颗粒。这些悬浮颗粒包括微生物，诸如酵母和细菌，以及导致后浑浊的物质，诸如多酚和多酚蛋白混合物。其近乎可无限重复再生使用的特点创造了绿色酿造的新型过滤方式。

CP 已经通过了美国 FDA 和欧盟的添加剂认证。在越南、菲律宾、印度和俄罗斯也获得了相关认证。中国卫生部也在 2008 年 5 月 28 日发布的第 13 号公告将构成 CP 的另一组分聚苯乙烯批准为食品工业用加工助剂（PVPP 早已是 GB 2760 所批准的食品添加剂）。因此 CP 作为食品加工助剂已经获得了国家批准，可以使用在食品工业中。

（2）技术指标

为了容纳足够一次过滤的悬浮液量以及节约过滤材料的再生时间，过滤时必须配备适当的添加罐和添加泵，同时 Crosspure 过滤时必须进行在线检测啤酒的浊度、pH 值、温度和电导率。Crosspure 过滤材料主要由 PVPP 和聚苯乙烯按一定比例复合而成，预涂量（取决于未过滤啤酒的成分）在 1 500～2 000 g/m^2，流加量在 500～1 500 g/kL，可通过热碱或酶使过滤材料再生，简单且可重复使用。

2009 年进行了 Crosspure 生产中试。试验成功地证明了 Crosspure 在大生产过滤机上的良好表现（见表 3-4），啤酒厂的分析报告也显示成品啤酒指标完全符合国家标准要求。

表 3-4　成品啤酒强制初步试验结果

样品描述	起始（0℃） 浊度 [EBC 90°/25°]	17 个热周期后（0℃） 浊度 [EBC 90°/25°]	28 个热周期后（0℃） 浊度 [EBC 90°/25°]
CP 试验酒	0.125/0.124	0.37/0.27	0.793/0.963
对照酒	0.129/0.229	2.11/1.51	4.32/4.76

注：①强制试验采用 EBC 方法。60℃及 0℃各 24 h 并交替。
②对照酒保质期达到 17 个月。
③CP 试验酒优于对照酒，28 个热周期后浊度仍未达到 1.0 EBC。
④室温储存 6 个月的对照酒及试验酒，经著名啤酒集团专家品评未发现有任何区别。

（3）技术应用

经过近五年来在欧洲许多国家以及中国的生产性试验证明，该产品可替代硅藻土用于啤酒过滤。所过滤的啤酒完全符合各个国家以及各啤酒厂对产品质量和保质期的标准要求。已有 CP 过滤啤酒被商业销售。

3.10 啤酒工业末端治理新技术

废水分类收集和处理技术

（1）技术描述

啤酒制造过程中，各个生产工段和生产工序都有工艺废水产生，且各种工艺废水的污染负荷和废水性质存在较大差异。根据各类工艺废水的污染性质，有针对地对其中部分工艺废水进行分别收集、单独预处理和资源化综合利用，则有利于保障综合废水后续处理系统的安全性和稳定性，也会产生额外的经济效益。

1）工艺废水的收集、预处理与循环套用技术

CIP 清洗水中的热预清洗水，可泵回相应工艺设备，如糖化罐直接进行生产套用，作为下次糖化反应的用水。

洗瓶水，浸泡水，可回到相应工艺控制技术进行循环套用，达到一定浓度后可混入综合废水集中进行达标排放处理或采用混凝、过滤和膜分离等技术单独处理和就地循环利用。

麦糟滤液、酵母滤洗水、过滤洗涤水，可采用工艺控制技术分别单独回收、循环利用。

残酒，可单独专门收集，采用“沉降+连续错流微滤膜过滤（CMF）+杀菌+包装”，可使大部分流失的残酒变为成品而有效回收。

2）废碱液及化学清洗水和杀菌消毒废水的收集、预处理与回收利用技术

废浓碱液，可采用多级蒸发、浓缩或膜分离的方法进行处理回收，并实行在线循环利用。

碱性洗涤水、消毒杀菌水等，应防止其对综合废水处理系统产生不良影响。

3）动力系统废水（除尘、冲灰、脱硫、软化再生）的收集、预处理与循环利用处理技术

动力系统废水（除尘脱硫废水，冲渣和冲洗水，以及循环冷却水），应采用混凝沉降等循环利用处理技术。

4）生活污水的收集、预处理技术

生活污水采用集中收集，化粪池预处理的方法，排除其对综合废水处理系统的不良影响，作为综合废水进入末端达标处理后，可外排或回用于厂区道路和车间地面的清洗，厂区园林绿化、景观用水等。

5）低浓度废水（热凝水和冷却水）的循环利用处理技术

锅炉冷凝水、循环冷却水等可采用澄清、过滤等工艺单独处理，循环利用、就地回用。

（2）技术应用

废水分类收集和处理，是今后啤酒企业废水治理发展的方向，适用于所有啤酒企业。

第 4 章　评估体系的研究与建立

4.1 技术评估体系及评估方法概述

4.1.1 技术评估体系概述

所谓技术评估主要是通过归类分析，选取一些对污染治理技术影响重大的指标，按照一定的规则和方法，对评价对象从某一方面或某些方面作优劣评定，从而确定污染治理技术的发展水平和存在的问题。技术评估体系一般是由一系列反映被评估对象目标的、相互联系的指标构成的有机整体，啤酒制造业污染防治技术评估体系的构建按以下技术路线进行：

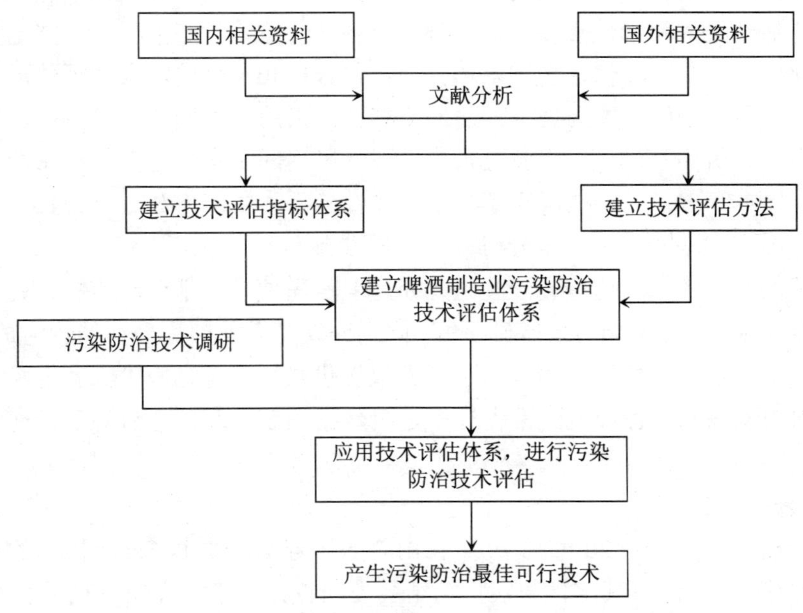

图 4-1　啤酒制造业污染防治技术评估体系

建立啤酒制造业污染防治技术评估体系的作用功能体现在：

（1）判断功能。判断被评估的某种污染防治技术所具有的价值、影响或预期目标的实现程度。如判断哪种污染防治技术的综合效益最高，各种污染防治技术对环境、社会的影响如何，以及对于其目标的实现程度如何。

（2）预测功能。通过评估和分析，对污染防治技术的发展方向、对新兴污染防治技术的可行性做出预测，并为政府制定相关的政策法规提供依据。如通过对现有污染防治技术的系统评估预测发展污染防治技术对我国啤酒制造业污染减排效果贡献有多大，能否满足日益严格的环境要求并实现环境与经济协调发展。

（3）选择功能。通过评估，选择和确定优先发展的关键技术、重点项目等。选择功能是实现“有所为，有所不为”战略导向的重要机制，有助于促进有限的资金、技术资源的优化配置。如确定国家应重点发展哪种污染防治技术；哪些技术可以促进产业化推进，哪些技术还需要科技攻关；发展污染防治技术需要多少投入，国家和企业的支付和承受能力如何。

（4）决策咨询功能。污染防治技术评估本身就是决策过程的重要环节，评估结果为决策提供重要依据，在决策上发挥重要的咨询和参谋作用。如国家和地方应该制定哪些鼓励污染防治技术发展的激励政策和创新机制？如何把政策制定建立在与技术、环境和经济研究结合的基础上？各地区的经济发展水平和环境需求大不相同，各自应发展哪些技术？如何在不同地区、不同时间段（中长期）合理规划和布局各种技术的发展顺序等。

4.1.2 技术评估方法概述

技术评估方法是为实现评估目标提供支持的，是使相对指标表现为更复杂的调查、观测、计算的程序和方法。技术评估方法的形成是一个不断发展和完善的过程，现在仍处在研究和探索中。最初的技术评估采用的是定性分析方法，受主观因素影响较大。后来，人们为了提高评估结果的科学性，逐渐把数学、经济学、运筹学等学科的一些定量分析方法运用到技术评估中，技术评估逐步进入定性和定量分析相结合的阶段，评估质量有了质的提高。目前，不同国家根据本国技术评估的发展状况采用了不同的评估方法。很多国家的科技评估以定性分析为基础，以定量分析为手段，采用的是定性与定量相结合的方法，如美国、法国、日本等国；另一些国家则是采用定性分析为主的方法进行评估，如英国、瑞士；还有一些国家则基本采用定量分析方法，如瑞典。

技术评估的方法较多，这些方法互为补充，但是每种方法都有一定的适用范围，它们经常需要结合起来使用。例如对于基础研究，同行评议是目前国际公认的较为适宜的方法，但由于文献计量等定量指标能够为专家进行评议提供数据参考，所以二者也经常结合起来使用，如德国的现场同行评议就经常在较多定量数据的统计基础上进行。目前常用的技术评估方法包括：

（1）层次分析法

层次分析法（AHP）是 20 世纪 70 年代由著名运筹学家 T. L. Saaty 提出的一种实用的多准则决策方法，该方法以其定性与定量相结合处理各种决策因素的特点以及系统、灵活、简洁的优点，在许多领域内得到了广泛的重视和应用。

所谓层次分析法，即根据问题的性质和要达到的目标分解出问题的组成因素，并按因素间的相互关系及隶属关系，将因素层次化，组成一个层次结构模型，然后按层分析，最终获得最低层因素对于最高层（总目标）的重要性权值，再进行优劣性排序。层次分析法的基本原理是把一个复杂的无结构问题分解组合成若干部分或若干因素（统称为元素），例如目标层、准则层、子准则层、因素层等，并按照属性的不同，把这些元素分组形成互不相交的层次，上一层次对相邻的下一层次的全部或某些元素起支配作用，这就形成了层次间自上而下的逐层支配关系，这就是一种递阶层次关系。在 AHP 中递阶层次思想占据核心地位，通过分析建立一个有效的合理的递阶层次结构对于能否成功地解决问题具有决定性意义。

AHP 的基本方法与步骤大体可分为 4 个步骤进行：

1）分析系统中各因素之间的关系，建立系统的递阶层次结构；

2）对同一层次的各元素关于上一层次中某一准则的重要性进行两两比较，构造两两比较判断矩阵；

3）由判断矩阵计算被比较元素对于该准则的相对权重；

4）计算各层元素对系统目标的合成权重，并进行排序。

AHP 法在很多领域都得到了应用，特别是在方案的优选及评估过程中的权重的确定方面应用最多。

（2）德尔菲法

专家调查法是以专家作为获取信息的对象，依靠专家的知识和经验进行预测、评价的方法。专家调查法可区分为专家个人调查法和专家会议调查法。专家个人调查法的最主要方法是德尔菲法（又称为专家评判法、专家评分法），它是 20 世纪 60 年代由美国兰德公司首先提出的。

匿名与循环反馈是这种方法的两个主要特点。匿名是指收集意见时不必把人们召集起来开会讨论，而是以书面形式写出自己的意见，专家之间不见面。匿名发表各种新颖意见，有助于掌握真正的意见。循环反馈是指轮回反馈沟通，该方法一般要经过多轮，为了使被征询意见的专家掌握每一轮的汇总结果和其他专家的意见，达到相互启发的目的，组织领导小组对每一轮的结果应该做出统计，并将反馈材料发给每个专家，为下一轮发表意见提供参考，通常采用统计方法对结果进行定量处理。如此经过多轮意见的征询，专家的意见最终趋于一致，结论的可靠程度越来越高。

此方法的优点是不同意见可以直接进行交流，有助于对重大问题达成共识，且时效好。专家调查法常在数据缺乏的情况下使用。如对新技术项目的预测和评价、对非技术因素起主要作用的项目的预测和评价，应用专家调查法十分有效。在复杂的社会、军事、经济、技术问题上的预测、方案选择、相对重要性比较等方面经常使用专家调查法。

（3）灰色综合评估方法

灰色综合评估方法是按颜色来命名的。因为，在控制论中，人们常用颜色的深浅来形容信息的明确程度，我们用“黑”表示信息未知，用“白”表示信息完全明确，用“灰”表示部分信息明确、部分信息不明确，相应地，信息未知的系统称为黑色系统，信息完全明确的系统称为白色系统，信息不完全确知的系统称为灰色系统圈。灰色综合评估方法能处理贫信息系统，适用于只有少量观测数据的项目，主要是利用已知的信息来确定系统的未知信息，使系统由“灰”变“白”。

灰色系统理论对信息不精确、不完全确知的小样本系统有明显的理论分析优势，它突破了传统精确数学所受的约束，具有计算简便、排序明确、对数据分布类型及变量之间的相关性无特殊要求，与模糊数学不同，灰色系统理论着重研究“外延明确、内涵不明确”的对象。

（4）数据包络分析法

数据包络分析法（DEA）属于运筹学研究领域，用于研究多投入—多产出的决策单元的相对有效性，处理多目标决策问题的、具有完备理论基础的方法。DEA 是一个线性规划模型，表示产出对投入的比率。通过对一个特定单位的效率和一组提供相同服务的类似单位的绩效的比较，试图使服务单位的效率最大化。在这个过程中，获得 100%效率的一些单位被称为相对有效率单位，而另外的效率评分低于 100%的单位则称为无效率单位。DEA 有效性评价是一种非参数的客观评价方法，根据输入输出动态地调整模型权重指标，使模型具有可变性，符合动态评价的要求，但 DEA 模型简单地将单元分为两类：有效的和非有效的，不能按同一尺度将所有的单元排序。而在实际中仅把组织单元分为两组是不够的，还常常需要将所有的组织单元排序。

DEA 方法应用的一般步骤为：明确评价目的、选择 DMU、建立输入/输出评估指标体系、收集和整理数据，DEA 模型的选择和进行计算、分析评估结果并提出决策建议。

（5）模糊综合评判

综合评判，就是对受到多指标制约的事物或对象做出的总的评价。模糊综合评判是指在模糊环境中，对具有多种属性的事物或者说其总体优劣程度受多种因素影响的事物，做出一个能合理地综合这些属性或因素的总体评判。它是一种基于应用模糊变换原理和最大隶属度原则的模糊系统分析方法，其优点是能避免仅从一个因素做出评判而带来的片面性，主要用于研究对一个局部系统的评估与决策，在系统分析和工程优化管理中有着广泛的应用。

模糊综合评判法的主要步骤：

1）建立综合评估指标体系；

2）确定各评估指标的权重；

3）组织评估者评分；

4）求评估矩阵；

5）对目标进行模糊综合评估。

从上述模糊综合评判的几个步骤可以看出，建立单因素评判矩阵 R 和确定权重分配是两项关键性的工作，但同时又没有统一的格式可以遵循，一般可采用统计实验、层次分析或专家评分等方法求出。

4.1.3 常规技术评价方法的比较分析

（1）层次分析法

利用层次分析法（AHP）解决评估问题，在确定了各级因素之间的关系后，很重要的一步就是确定各因素相对于上一级因素的相对重要性，然后进行综合排序。这种方法在处理一个由相互联系、相互制约的众多因素构成的复杂而又往往缺乏定量数据的系统时显示出其特有的优越性。目前，层次分析法已在不同技术评估中各权重系数的确定、方案的优化选择中得到较多的运用。

（2）德尔菲法

德尔菲法作为专家调查法的一种是定性和定量相结合的评估方法。它的优点是简单易懂，评估分值由领导、专家以及相关技术人员给出，计算简单，使用人工评分使得定性资料定量化、综合评估结果转为定性的评估等级。缺点是标准值略粗，结果不是很精确，容易受到少数领导和专家的思想影响，而且专家的选聘、专家评估过程的独立性和公正性应该引起足够的重视，否则评估结果就没有实际意义。德尔菲法适用于影响因素较少，而且各因素之间的独立性较强，模糊性和不确定性较小的评估领域。

（3）灰色综合评估方法

灰色综合评估方法与模糊综合评估法在求解过程和解决问题方面有一定的相似之处，都是解决不确定性问题的重要手段。灰色系统着重解决“小样本、贫信息、不确定”问题，并根据信息覆盖，通过序列生成现实规律，其特点是“少数据建模”，灰色系统理论着重研究“外延明确、内涵不明确”的对象。与灰色系统理论不同，模糊综合评判法着重研究的是“认知不确定”的问题，其对象具有“内涵明确，外延不明确”的特点。

（4）数据包络分析法

DEA 方法的应用对评价部门具有相对有效性的优势地位，是其他方法所不能取代的，也就是说，它对社会经济系统多投入和多产出相对有效性评价是独具优势的，但 DEA 模型简单地将单元分为有效的和非有效的两类，不能按同一尺度将所有的单元排序。而在实际中仅把组织单元分为两组是不够的，还常常需要将所有的组织单元排序。

（5）模糊综合评判法

模糊综合评判法的优点是，数学模型简单，容易掌握，对信息比较模糊的多因素、多层次的复杂问题评判效果比较好，是别的数学分支和模型难以代替的方法。另外评判逐对进行，对被评对象有唯一的评价值，不受被评价集合的影响，因此该方法在众多的领域都得到了广泛的应用，并且也取得了满意的结果。

以上是常见的技术评估方法，在实际评估时，评估人员需要根据评估对象的特点和评估目标选择适宜的评估方法。

4.2 啤酒制造业污染防治技术评估体系的建立

4.2.1 建立啤酒污染防治技术评估体系的必要性

近几年，环保部发布了一系列与啤酒企业污染防治、清洁生产相关的标准，指导企业开展污染防治工作，相关的主要国家标准包括 GB/T 18916.6—2004《取水定额：啤酒制造》，GB 19821—2005《啤酒工业污染物排放标准》，HJ/T 183—2006《清洁生产标准 啤酒制造业》，还有即将正式发布的《清洁生产审核指南 啤酒制造业》，但这些标准多从技术、经济或环境单方面对污染防治技术做出评价，侧重于对污染现状的描述，而不是预警，因此，它们在对污染防治技术及其应用进行评价时都是罗列一系列的指标，给出指标值，然后根据具体的评价目的，用具体的指标值说明问题，一般不搞综合评估，没有形成完整的、系统的、定量指标和定性指标相结合的企业污染防治效果评估标准和技术方法。

另一方面，国内外关于啤酒制造业污染防治技术系统评估的研究报道很少，现有的研究也以定性的居多，定量的居少；对单一技术的评估多，对不同技术综合效益的比较研究少，很少有企业开展整体层面包括技术改造、提高管理水平和调整产品结构等全方位污染防治的评估工作。可以说，缺乏企业污染防治效果的评估方法是影响啤酒制造业开展污染防治效果评估的主要原因之一。

因此，啤酒制造业污染防治技术评估体系是建立在开展企业污染防治状况综合评价这一客观需要上的，构建这一体系需要解决以下几大问题：一是要跳出以往仅对污染减排进行简单计算和比对的评估模式，应对企业的减排状况及在行业中所处的技术水平进行综合评估，激励企业向行业最佳水平努力；二是定量评估与定性评估相结合，并尽量做到定量评估；三是污染防治技术评估体系建设必须服务于实际评估活动的需要，要有较强的可操作性。

4.2.2 啤酒污染防治技术评估方法的建立

随着人们所研究对象系统复杂程度的提高，一般来说评估某一对象优劣的同时要考虑诸多指标，啤酒制造业污染防治技术的评估本质上就是一个多指标综合评估体系。对系统进行综合评估，建立科学、合理的评估指标体系是非常必要的，但同时还要借助于科学的评估方法。但是如何在评估过程中，对代表不同物理含义的分指标进行标准化处理而又能够最大程度地反映被评估对象的真实水平；如何确定综合评估指标体系中各指标的权重而又尽可能地排除人为因素的影响等，都是需要解决的问题。啤酒制造业污染防治技术虽然主要由其技术性能和可靠性等性能质量因素决定，但还受到操作人员等其他众多因素的影响。因此，选用科学的评估方法对指标体系进行定量分析就变得十分重要。

由于污染防治技术评估方法具有多样性，所以无论采用哪一种方法，关键要看评估的目的，以及想说明什么问题，同时也取决于当时的各种条件（如原始数据资料等），再决定用相应评估方法。常常是几种评估方法同时使用，相辅相成，才能得到比较全面和科学的结论，达到事半功倍的效果。本书通过比较各种评估方法，选取层次分析法计算指标权重，并以模糊综合评判法对指标进行量化评分，达到科学客观评估的目的。

（1）评估方法的选取

①层次分析法计算权重

常用的综合评判函数总与一个权向量有关，所谓权向量即某一因素在整体中所占的比重向量。在实际递阶结构体系中，权重是表征下层准则相对于上层某个准则（或总准则）作用大小的量化值。合理地确定准则体系的权重向量既是重要的，因为它们对评选结果往往有较大的影响；又是相当困难的，因为它们包含有评估客体和决策主体的多种因素，这些因素之间的关系错综复杂，一般难于形式化。所以国内外学者对权重的研究甚为关注，提出了很多评估权重向量的方法。

其中，层次分析法是确定权向量的行之有效的方法。在本书中为了确定污染防治技术各指标的权重，采用层次分析法中两两比较的方式，判断每一层中各因素的相对重要性，然后用解判断矩阵特征值的方法求出各因素的权重，而不采用直接赋权法，其好处首先是因为两两比较从咨询中获得的信息量大，当某个判断有失误时，它对最终结果影响要小些，比直接赋权法所得结果稳定；其次按两两比较向专家咨询时，相对比较简单，专家易于做出判断，其真实性也高，因此选用层次分析法建立指标层次结构并计算指标权重。

②模糊综合评判法对指标进行量化评分

在求取某技术污染防治能力指标量化评分时，由于评价指标体系中有一类定性指标难以通过实测、调查或设计确定其数值，为便于分析评价，必须对此类指标进行量化。所谓量化，就是将研究客体的有关因素用量的形式表示出来。量可用数值的形式表示，也可用逻辑结构来描述。在实际量化过程中，通过决策者（专家）定性分析、分等级量化得到的结果，由于客观事物的复杂性、多样性和主观认识的局限性，所以往往具有不确定性、模糊性和随机性。

定性指标量化的方法较多，对评价指标值的量化，有的指标可根据试验测定；有的评价指标值的量化可通过设计任务书、技术性能手册查取；而有些定性指标的量化需进行专家咨询，采取综合评分的方法获得，这种方法的实质也是加权法，它对每个分目标给出一个最高分数和评分等级，当某一分目标一旦定出评分等级后，它的得分也就确定，最后计算总评分数即综合评分。

（2）两种选取方法在研究中的运用

① 层次分析法的运用。在污染防治技术评估计算过程中，先用层次分析法分析问题，构造出技术指标层次结构模型，即建立污染防治技术评估指标体系，模型建立之后构造相应的判断矩阵，采集评价指标的两两比较评语集，选择确定 15 名相关专家和技术人员，接着是发放调查表，请专家和技师用 1～9 标度方法给出评价指标的两两比较评语集。在将这些调查表回收后，剔除其中的异常值，再取平均值，最后还需要经过该体系相关部门的专家对这些数据进行技术处理，最终才能得到所需的各项数据。通过层次单排序和层次总排序得出指标权重，最后进行一致性检验判断是否具有满意一致性。

② 模糊综合评判法的运用。本书中是用模糊综合评判方法来确定单技术的指标的量化评分。首先确定评价指标集 U 和评价等级集 V，评价等级这里定为 5 级；然后通过专家打分法构造评判矩阵 R；再根据已经求得的指标权重集 W 和公式 B=W・R 进行模糊合成算出指标量化评分。通过对不同的技术进行量化评分，为进一步计算装备作战能力做好准备，同时也可以比较各单技术在此评价指标集下的量化评分高低。

对啤酒制造业污染防治技术进行评价时，需要对其经济、社会、环境、管理、技术系统及各系统中所包含的因素项、分因素项进行评价，因而这是一个综合评判问题。同时评价因素较多，各指标权重值很小，评判结果值无法反映实际情况，选用“加权平均法”（矩阵相乘法），可以使每一个因素对综合评价都有所贡献，并且比较客观地反映评价对象的全貌。

4.2.3 技术评估指标体系的建立

指标，是指计划中规定达到的目标，评估体系指标是指一组能够全面反映技术状态能力的、定性或定量描述的评估参数，是污染防治技术状态评估对象各个要素指标所构成的有机整体。评估指标体系的设计是整个评估体系构建的重要内容，体现了评估的主要内容和侧重点，评估的目的和所要实现的目标也主要是通过指标体系来体现的。可以说，整个评估体系的构架是以指标体系的设计为基础的。

指标体系是技术评估方法中的重要内容，科学而适用的评估指标体系是做好评估工作的基础。啤酒制造业污染防治技术评估体系是建立在开展企业污染防治状况综合评价这一客观需要上的，构建这一体系必须解决以下几大问题：一是要跳出以往仅对污染减排进行简单计算和比对的评估模式，应对企业的减排状况及在行业中所处的技术水平进行综合评估，激励企业向行业最佳水平努力；二是定量评估与定性评估相结合，并尽量做到定量评估；三是污染防治技术评估体系建设必须服务于实际评估活动的需要，要有较强的可操作性。为此，所构建的评估体系应满足以下条件。

（1）评估体系应有多层面、多方位的评估主体。构建的评估体系主要应用于企业自评估，支持企业对自己的污染防治水平进行综合评价；同时也应适用于行业协会或地方政府对本行业、本区域企业污染防治水平的综合评价，利于对单个企业在全行业、全国的地位进行全面的认识。由于可能有多个评估主体，评估的内容也不尽相同，评估的目的和重点也各有差异，因此，该评估体系应分层次构建，在不同层面、面向不同主体和对象，但各层次间并不是完全独立的，而是互相联系、有机统一的。

（2）评估体系应体现综合性和全面性，同时也应考虑可操作性。由于本研究所建立的评估体系不局限于末端治理技术，而是对企业整个生产过程污染防治效果的全面评估，这种评估既包括技术层面的评估，也包括体现评估企业在行业中的水平和地位的全流程评估，因此要求构建的指标体系更加全面，表征的信息更加详细。但同时也要考虑到数据的可获得性，力争实现可操作性与全面性、综合性的有机结合。

（3）评估体系应具有科学性和合理性。指标的设置应科学合理，指标的取值和计算方法应规范和统一，指标间相互关系应简洁明了，逻辑性强，不存在冲突或重叠的现象；评估程序应力求简要，更多地要考虑与现有工作体系相结合、相匹配，降低评估成本。

（4）评估指标应有较强的指引性。构建评估体系的目的不是为了开展评估而评估，更多是为了帮助和督促企业对自身的各项污染防治技术及相应效果进行全面认识，发现问题和不足，引导企业有目的地开展污染减排工作。

基于上述问题，构建啤酒制造业污染防治技术评估体系的基本思路可概括为：从企业入手，对各企业污染防治情况进行全面、客观的评价，评估的内容不局限于末端治理技术，而是对企业整个生产过程污染防治效果的全面评估；为保证评估体系的操作实施和评估结果的可靠性，运用科学合理的指标计算方法和评估方法，以及符合实际的实施程序和步骤也成为评估体系的重要组成部分。

4.2.3.1 评估指标体系筛选原则

为了使评估结果能够客观、准确地反映啤酒制造业污染防治技术的发展水平，本项目评估指标的选取将遵循以下原则。

（1）科学性原则。本研究选取的指标是建立在对啤酒制造业污染排放情况充分认识、深入研究的科学基础上，并且能反映污染治理技术发展水平，以可持续发展为目标，追求环境效益、经济效益和社会效益三者统一的思想。在评估分析过程中，既有定量分析指标，又有定性分析指标；既有宏观指标，又有微观指标。做到定量与定性、微观与宏观相结合。

（2）独立性原则。描述啤酒制造业污染治理技术发展状况的指标时往往存在着指标之间的重叠，因此在选择指标时，尽可能选择具有相对独立性的指标，从而增加评估的准确性和科学性。

另外，实践中指标之间完全独立无关常常是很难做到的，一方面是因为事物各方面本身就是相关的，如产品的技术含量与经济效益；另一方面，指标体系不是许多指标的堆砌，而是由一组相互间具有有机联系的个体指标所构成，指标之间绝对的无关往往就构不成一个有机整体，因此指标之间应有一定的内在逻辑关系。在实际评估活动中，为加强对某方面的重点调查和评价，有时需要从不同角度设置一些指标，以相互弥补相互验证。这时，指标之间的相关性可通过适当的分别降低每个指标的权重等方法来处理。

（3）定性和定量相结合原则。指标体系应尽可能选择可量化指标，难以量化的重要指标可采用定性描述指标。

（4）可比性原则。研究建立了评估指标体系，指标尽可能采用标准的名称、概念、计算方法，做到与国际指标的可比性，同时又要考虑我国啤酒工业的实际情况。

（5）可操作性原则。评估指标体系考虑了指标的量化及数据取得的难易程度和可信度，指标含义明确且易于理解，指标数据易于调查、整理或理论推算、实测，做到指标精练、方法简捷，具有使用价值和推广价值。

4.2.3.2 评估指标体系的构成

在筛选原则的指导下，建立啤酒制造业污染防治技术的评估指标体系，对同类、具有竞争性的污染防治技术进行综合评估。对污染防治技术，应当综合考虑其经济效益、环境效益和社会效益。只有当技术的经济—环境—社会效益达到平衡时，才能真正实现啤酒制造业的可持续发展。

（1）经济效益：污染防治技术实施的动力来自于企业采用此项技术能获得经济效益，如果技术从经济学的角度看缺乏吸引力，其生命力就会受到挑战。因此必须从经济学的角度对技术实施进行分析，通过建立相关指标来定量考察它在企业中的实施状况。

（2）环境效益：环境效益是污染防治技术的重要特征之一。环境效益主要包括提高资源利用率（减少资源消耗、相同资源消耗下提高产品获得率、资源循环再利用）和削减污染物两方面，这也是选择评估污染防治技术环境效益指标的重要依据。

（3）社会效益：污染防治技术的实施必须能给社会带来福利。在整个自然—社会—经济的复合生态系统中，经济—环境—社会共同构成企业发展的基础，只有这三者互相平衡发展时才能支撑整个地球生态系统健康的发展。因此，对技术的社会效益要与经济、环境效益做同等重要的考虑。

啤酒生产追求的是最小的能源、资源和环境代价，而获取高品质的产品，提高企业经济效益。因此，本项目在广泛调研和现场检测的基础上，将啤酒工业污染防治技术分为过程污染控制技术和末端治理技术，由于生产过程侧重于污染的防治，末端治理技术侧重于污染的治理，因此在指标的选择上略有差别。不同污染防治技术指标体系如图 4-2、图 4-3 所示。

对于过程控制技术从工艺技术、经济效益、资源能源消耗和污染控制四方面进行评估，对于末端治理技术从工艺技术、经济效益和环境污染治理三方面进行评估。工艺技术分为先进性、实用性和稳定性；经济效益分为投资成本、运行成本和经济效益；资源能源消耗指标中过程控制技术分为取水指标和能耗指标；污染控制中过程控制技术分为废水控制效果、废气控制效果和固体废弃物控制效果，末端治理技术分为废水治理效果、废气治理效果、固体废弃物综合利用率和二次污染。

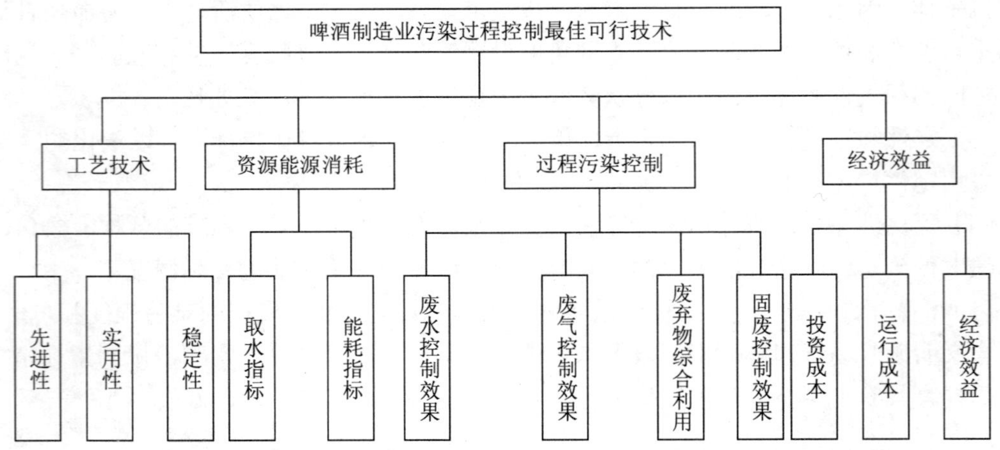

图 4-2 啤酒制造业污染物过程控制技术评估指标体系

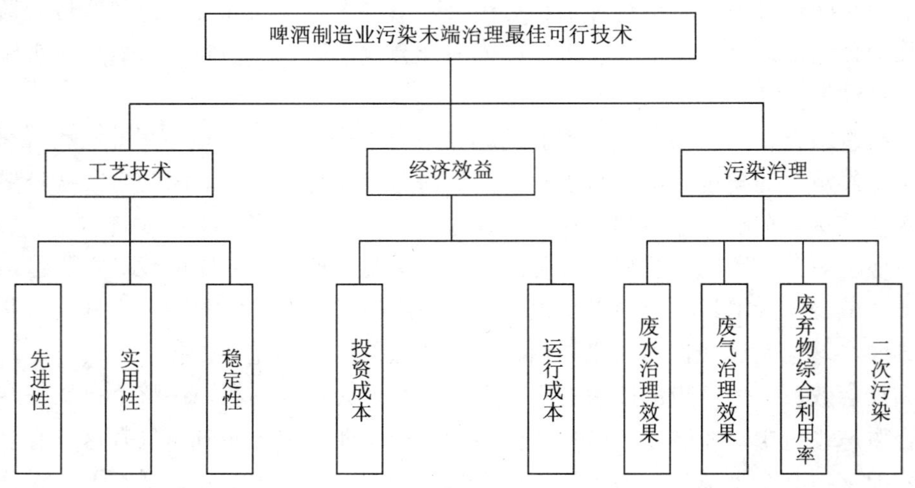

图 4-3 啤酒制造业污染物末端治理技术评估指标体系

4.2.3.3 评估指标的定义

评估指标体系分为目标层、准则层、因子层和指标层。准则层即因素层，包含反映技术影响的工艺技术指标，反映经济影响的经济效益评价指标以及反映资源能源消耗和污染防治/治理四种属性指标，它们从四个不同的侧面反映啤酒制造业污染防治的整体技术水平。

（1）工艺技术指标

啤酒制造业污染防治采用的过程防治和末端治理相结合的技术，技术的好坏是防治效果成功与否的关键，是啤酒制造业污染防治的核心，评估选择技术先进性、实用性和可靠性三项子指标。

1）技术先进性

指技术是否在目前市场存在的防治工艺中以及所处位置，是否属于领先工艺，是否适合目前我国环境保护发展理念，符合污染防治市场的发展。

2）技术实用性

是指啤酒制造业污染防治工艺技术具有的社会成熟度，反映技术是否符合啤酒污染防治的要求，是否可以被啤酒企业充分使用，是否具有可操作性。

3）技术稳定性

稳定性以实际运行的工程实例的运行效果和故障率的大小来表征。通过实际操作，评价技术的可利用价值，是否可以作为典型工艺，是否具有向社会推广的价值。

（2）经济效益指标

啤酒制造业污染防治技术主要目的为减少环境污染，但啤酒企业属于高污染企业，如果环保投资高于企业总资产的 10%，企业将无法承担污染防治项目的建设费用。因此，将经济效益作为评价啤酒企业污染防治工程的一项指标。在经济效益指标下，分别列入投资成本、运行成本和可产生再生资源三项子指标。

1）投资成本

一个污染防治技术的建立要有设计成本、土建、设备成本等一系列投资，选择工艺、使用设备材料的不同，甚至不同的建设单位，都会产生不同的投资成本。

2）运行成本

使用某污染防治技术，保持正常运行的还有设备折旧、燃动力、人工工资、维修等各项费用支撑，即运行成本，运行成本的高低也是企业选择技术种类的一个重要因素。

3）经济效益

反映项目盈利水平的高低，财务内部收益率、财务净现值和投资回收期是主要的盈利性指标。

（3）资源能源消耗

资源能源消耗指标是指污染防治技术实施过程中所消耗的能耗和物耗，包括能耗指标、水耗指标、占地面积和固废综合利用；消耗最小是评价一项技术及其应用效果的首要判定规则。

（4）污染控制

啤酒制造业污染防治的主要目的是减少环境污染，实现达标排放，不同污染防治技术对各种污染物处理的效果各不相同，治理效果是客观反映效能的主要因素，治理效果通过对各种污染物处理能力来反映，因此在污染防治指标中设置废水防治效果、废气防治效果、固废防治效果和综合利用四项子指标。

4.2.4 技术评估指标评分规则与权重设计

4.2.4.1 技术评估指标评分规则

本研究通过征求专家意见，编写了评价指标中的三级指标的评估细则，如表 4-1、表 4-3 所示。

为了避免专家赋值时出现较大的偏差，对一些无法量化的指标，如先进性、稳定性等，本研究给出了赋值范围，如表 4-2 所示。

表 4-1 啤酒制造业过程污染防治技术指标评估标准

指标指标	评价细则：⑤、④、③、②、①分别代表 5 分、4 分、3 分、2 分和 1 分
先进性	⑤：国际领先；④：国际先进；③：国内领先；②：国内先进；①：一般
实用性	⑤：国内外企业普遍使用；④：国内 80%以上企业使用；③：国内 50%以上企业使用；②：国内 50%以下企业使用；①：还处于研究阶段
稳定性	⑤：非常稳定；④：稳定；③：较稳定；②：一般；①：稳定性差
投资成本	⑤：投资回收期≤3 年；④：投资回收期≤5 年；③：投资回收期≤10 年；②：投资回收期≤15 年；①：投资回收期＞15 年
运行成本	⑤：无运行成本；④：运行成本低；③：运行成本较低；②：运行成本较高；①：运行成本非常高
经济效益	企业 kL 啤酒增加利润⑤：≥5%；④：4%～5%；③：3%～4%；②：2%～3%；①：≤2%
取水指标	以 kL 啤酒取水量降低程度来评价⑤：＞3 m^3/kL；④：2～3 m^3/kL；③：1～2 m^3/kL；②：0～1 m^3/kL；①：0
能耗指标	以 kL 啤酒能耗降低程度来评价⑤：＞10%；④：5%～10%；③：1%～5%；②：0～1%；①：0
废弃物综合利用率	⑤：100%回收并利用；④：80%回收并利用；③：70%回收并利用；②：50%回收并利用；①：回收利用率＜50%
废水控制效果	以 kL 啤酒废水减少量来评价⑤：＞2.5 m^3/kL；④：2～2.5 m^3/kL；③：1～2 m^3/kL；②：0～1 m^3/kL；①：0。或以 kL 啤酒 COD 降低量来评价⑤：＞2.0 kg/kL；④：1.5～2.0 kg/kL；③：1～1.5 kg/kL；②：0～1 kg/kL；①：0
废气控制效果	⑤：100%回收；④：80%回收；③：70%回收；②：50%回收；①：回收利用＜50%
固废控制效果	⑤：100%回收；④：80%回收；③：70%回收；②：50%回收；①：回收利用＜50%
废水治理效果	③：达标；①：未达标
废气治理效果	③：达标；①：未达标
固废治理效果	⑤：100%回收；④：80%回收；③：70%回收；②：50%回收；①：回收利用＜50%

表 4-2 指标体系中定性指标打分范围限定情况

技术名称	先进性	稳定性
CIP 清洗技术	4～5	4～5
高浓酿造后稀释技术	4～5	3～5
洗瓶水的再利用技术	2～4	4～5
最后一道清洗水的再利用技术	2～4	4～5
液位测量技术	2～3	3～5
流量测量技术	2～3	3～5
再生水回用技术	4～5	3～5
巴氏杀菌水的再利用技术	3～4	4～5
麦汁煮沸过程中二次蒸汽回收再利用技术	4～5	3～4
冷凝水的回收利用技术	3～4	4～5
废碱液回收利用技术	3～4	4～5
干排糟技术	4～5	4～5
错流膜过滤技术	4～5	2～4
废酵母回收生产饲料及深加工技术	3～4	4～5
麦糟生产饲料及加工技术	3～4	4～5
废硅藻土回收利用技术	1～3	4～5
CO_2 回收再利用技术	2～4	4～5
综合废水厌氧发酵生产沼气发电与制冷技术	4～5	3～5

表 4-3　啤酒制造业末端污染治理技术指标评估标准

指标		评价细则：⑤、④、③、②、①分别代表 5 分、4 分、3 分、2 分和 1 分
先进性		⑤：国际领先；④：国际先进；③：国内领先；②：国内先进；①：一般
实用性		⑤：国内外企业普遍使用；④：国内 80%以上企业使用；③：国内 50%以上企业使用；②：国内 50%以下企业使用；①：还处于研究阶段
稳定性		⑤：非常稳定；④：稳定；③：较稳定；②：一般；①：稳定性差
投资成本	废水预处理和深度处理	⑤：投资成本≤500 元（吨水）；④：投资成本≤800 元（吨水）；③：投资成本≤1000 元（吨水）；②：投资成本≤1500 元（吨水）；①：投资成本＞1500 元（吨水）
	厌氧处理	⑤：投资成本≤800 元（吨水）；④：投资成本≤1000 元（吨水）；③：投资成本≤2000 元（吨水）；②：投资成本≤2200 元（吨水）；①：投资成本＞2200 元（吨水）
	好氧处理	⑤：投资成本≤1500 元（吨水）；④：投资成本≤2000 元（吨水）；③：投资成本≤2500 元（吨水）；②：投资成本≤3000 元（吨水）；①：投资成本＞3000 元（吨水）
	恶臭处理	⑤：投资成本≤5000 元（每 10000 m^3/h）；④：投资成本≤8000 元（每 10000 m^3/h）；③：投资成本≤1 万元（每 10000 m^3/h）；②：投资成本≤2 万元（每 10000 m^3/h）；①：投资成本＞2 万元（每 10000 m^3/h）
运行成本	废水预处理和恶臭处理	⑤：无运行成本；④：运行成本低；③：运行成本较低；②：运行成本较高；①：运行成本非常高
	厌氧处理	⑤：运行成本≤0.15 元（吨水）；④：运行成本≤0.2 元（吨水）；③：运行成本≤0.25 元（吨水）；②：运行成本≤0.3 元（吨水）；①：运行成本＞0.3 元（吨水）
	好氧处理	⑤：运行成本≤0.35 元（吨水）；④：运行成本≤0.4 元（吨水）；③：运行成本≤0.5 元（吨水）；②：运行成本≤0.6 元（吨水）；①：运行成本＞0.6 元（吨水）
	深度处理	⑤：运行成本≤0.2 元（吨水）；④：运行成本≤0.4 元（吨水）；③：运行成本≤0.6 元（吨水）；②：运行成本≤0.8 元（吨水）；①：运行成本＞0.8 元（吨水）
废弃物综合利用率		⑤：100%回收并利用；④：70%回收并利用；③：50%回收并利用；②：40%回收并利用；①：回收利用率＜30%
废水控制效果（废水预处理技术）		以废水能否达到循环利用或回收利用的要求⑤：达到；①：没达到
废水治理效果（厌氧处理技术）		去除率⑤：COD 去除率：95%以上，SS 去除率：90%以上；④：COD、SS 去除率：85%以上；③：COD、SS 去除率：80%以上；②：COD、SS 去除率：75%以上；①：COD、SS 去除率：60%以上
废水治理效果（好氧处理技术）		去除率⑤：SS 为 90%以上，COD 为 90%以上，氨氮为 90%以上，TP 为 90%以上；④：SS 为 80%以上，COD 为 80%以上，氨氮为 80%以上，TP 为 75%以上；③：SS 为 80%以上，COD 为 80%以上，氨氮为 70%以上，TP 为 60%以上；②：SS 为 75%以上，COD 为 75%以上，氨氮为 70%以上，TP 为 50%以上；①：SS 为 70%以上，COD 为 70%以上，氨氮为 70%以上，TP 为 40%以上
废水治理效果（深度处理技术）		③：达标；①：未达标
废气治理效果		③：达标；①：未达标
二次污染		③：无；①：有

4.2.4.2 评估专家的选择

为了保证评估的科学性和权威性，项目分别聘请了不同行业的专家组成项目专家组，以便在评估指标确定、指标层级划分、指标权重、BAT 技术筛选原则制定等过程中向专家咨询。

（1）专家选择的条件

1）专家的知识结构：根据本课题的要求，选择具有丰富的管理知识和生产经验，能对所咨询的问题提出较为深刻见解的专家，其中包括啤酒行业专家、经济专家和环境专家，他们都具有相关的专业知识，并在自己的研究领域取得了多项研究成果。

2）专家的年龄结构：本研究选择的专家除了有德高望重的老专家教授，还选择了一些思维活跃、接受新鲜事物快、有一定实践经验的中青年学者。

（2）专家人数的确定

选择专家人数应根据研究项目的规模和精度而定。一般情况下，评估的精度与参与的人数呈函数关系，即随着专家人数的增加而精度提高。有关研究表明专家的人数不得少于13 人，专家人数以 15～50 人比较合适，本研究选择了 15 人，项目专家组的人员和专业构成见表 4-4。

表 4-4　专家组人员和专业构成

专业构成	啤酒行业专家	经济专家	环境专家
专家人数	8 人	2 人	5 人

4.2.4.3 评估指标权重设计

评估指标权重赋值是评价评估指标体系能否客观科学地反映评估对象价值的关键之一。由于污染防治技术的评价是相互关联、相互制约的众多因素构成的复杂系统，因素的权重不容易直接获得，需要用适当的方法导出它们的权重。本项目选用层次分析法（简称 AHM 法）来确定权重，为了获得能量化的判断矩阵，采用常规的 9 级分制，对各矩阵赋值，通过专家打分确定比例尺度。整个过程大体可分为以下几个步骤：

（1）建立层次结构模型

层次结构的建立可以把问题条理化、层次化。在层次结构模型下，复杂的问题被分解为若干元素，这些元素又按照其具体属性分为若干组，从而形成不同的层次。其中，最高层即为最终目标或要解决的问题，中间层为时间预定目标所涉及的中间环节，最低层表示解决问题的措施和政策（方案）。同一层次的元素对下一层次的相关元素起支配作用，同时又受上层元素的支配。

（2）构造判断矩阵

在建立了层次结构模型后，上下层之间元素的隶属或者支配关系就被确定。对于层次结构模型中各层的元素可以依次相对于与之有关的上一层元素，进行两两比较，从而建立一系列的判断矩阵。

判断矩阵：

$$\boldsymbol{A}=(a_{ij})_{m\times n}=\begin{bmatrix} a_{11} & \cdots & a_{1n} \\ \vdots & & \vdots \\ a_{n1} & \cdots & a_{nm} \end{bmatrix}$$

矩阵 $\boldsymbol{A}$ 中各元素具有下述性质：

$$a_{ij}>0,\quad a_{ij}=\frac{1}{a_{ji}},\quad a_{ij}=1\ (i,\ j=1,\ 2,\ 3,\ \cdots,\ n)$$

其中，a_{ij}（i，j=1，2，3，…，n）代表元素 U_i 与 U_j 相对于其中上一层元素重要性的比例标度。判断矩阵的值反映了人们对各因素相对重要性的认识，一般采用九级标度法对其赋值，其含义如表 4-5 所示：

表 4-5　比例尺度

重要性程度	标度 d_{ij} 赋值
1	u_i 和 u_j 同等重要
3	u_i 比 u_j 稍微重要
5	u_i 比 u_j 重要
7	u_i 比 u_j 很重要
9	u_i 比 u_j 极端重要
2、4、6、8	两相临判断的中间值

（3）层次单排序及一致性检验

设判断矩阵 A 的最大特征根为 λ_{max}，其相应的特征向量为 W，解判断矩阵 A 的特征根问题：

$$AW=\lambda_{max}W$$

所得 W 经归一化后，即为同一层次相应元素对于上一层某一因素相对重要性的权重向量。

由于客观事物的复杂性以及人们对事物认识的模糊性和多样性，所给出的判断矩阵不可能完全保持一致，有必要进行一致性检验，计算一致性指标 CI：

$$\mathrm{CI}=\frac{\lambda_{max}-n}{n-1}$$

其中，n 为判断矩阵阶数。

当判断矩阵具有完全一致性时，CI=0。CI 越大，说明矩阵的一致性越差。为了检验判断矩阵的一致性，需要将 CI 与平均随机一致性指标 RI 进行比较，随机一致性指标 RI 取值见表 4-6。

表 4-6　平均随机一致性指标取值

n	1	2	3	4	5	6	7	8	9
RI	0.00	0.00	0.58	0.90	1.12	1.24	1.32	1.41	1.49

对于一阶、二阶判断矩阵，RI 只是形式上的，由判断矩阵的定义可知，一阶、二阶判断矩阵总是完全一致的，当阶数大于 2 时，判断矩阵的一致性指标 CI，与同阶平均随机一

致性的指标 RI 的比值（随机一致性比例），记为 CR。当 $CR=\frac{CI}{RI}<0.10$ 时，判断矩阵具有满意的一致性，否则需要调整判断矩阵的元素取值。

（4）层次总排序及一致性检验

利用同一层次中所有层次单排序的结果，就可以计算针对上一层次而言本层次所有因素重要性的权值，这就是层次总排序。层次总排序需要从上到下逐层顺序进行，对于最高层下面的第二层，其层次单排序即为层次总排序。若上一层次 A 含有个 m 因素 A_1，A_2，A_3，…，A_m，其组合权值为 a_1，a_2，a_3，…，a_m，下一层次 B 包含 n 个因素 B_1，B_2，B_3，…，B_m，它们对因素 A_j 的相对权值分别为 b_{1j}，b_{2j}，b_{3j}，…，b_{mj}（当 B_i 与 A_j 无关时，$b_{ij}=0$），此时 B 层因素的总排序由表 4-7 给出。

表 4-7 层次总排序表

层次 A \ 层次 B	A_1	A_2	…	A_m	B 层总排序
	a_1	a_2	…	a_m	
B_1	b_{11}	b_{12}	…	b_{1m}	$\sum_{j=1}^{m} a_j b_{ij}$
…	…	…	…	…	…
B_n	b_{n1}	b_{n2}	…	b_{nm}	$\sum_{j=1}^{m} a_j b_{nj}$

此外，还需要进行层次总排序的一致性检验，该步也是从上到下逐层进行的。CI 为层次总排序一致性指标；RI 为层次总排序平均随机一致性指标；CR 为层次总排序随机一致性比例。其中：

$CI=\sum_{j=1}^{m} a_j CI_j$；式中，$CI_j$ 为与 a_j 对应的 B 层次中判断矩阵的一致性指标。

$RI=\sum_{j=1}^{m} a_j RI_j$；式中，$RI_j$ 为与 a_j 对应的 B 层次中判断矩阵的平均随机一致性指标。

层次总排序随机一致性比例 $CR=\frac{CI}{RI}$

同样，当 CR≤0.10 时，认为 B 层组合判断具有满意的一致性，否则，需重新调整判断矩阵的元素取值。

4.2.5 数据统计与分析

在前面分别给出了技术评估体系与单项技术评估权重系数以及污染防治技术基础（四层）指标的量化评分方法，我们就可以进行污染防治能力的计算。

（1）数据统计过程

啤酒制造业污染防治技术评估指标体系呈现出层次性，任一层次可能由其多个下层指标聚合而成。指标聚合从底层开始，首先进行指标量化评分，并根据基础指标的综合权重，算出单项技术的分值；再由得出的单项技术分值与单项技术的综合权重算出体系的理论总体分值。

（2）指标聚合方法

在进行指标聚合时一般采用如下方法进行聚合：

1）“或”关系（即“加权和”）下层指标与各自不同的权重相乘依次求和，聚合到上层作战能力。例如工艺技术是由技术先进性、实用性和稳定性以加权和关系聚合。

2）“与”关系（即“加权积”）对于上层指标而言，每个下层指标的权重虽然不同，但是都不可缺少，只要一个下层指标为 0，都会导致上层指标为 0。

由于本书建立指标体系过程中就考虑了减少同级指标间的相互影响，从而使得同级各指标间是相互独立的，同时还假设是在各项技术性能良好无故障的情况下，结果就不会存在低层某一指标评分为 0 而导致其上一级指标聚合后也为 0 的情况，除非同一层次所有指标评分全为 0，而这种情况实际又是不存在的。所以在指标聚合过程中选用“加权和”方法较为合适。

（3）分析计算

前面说过选用“加权和”方法聚合下一层指标，那么下面就对单项技术的评分如何求出进行说明。某单项技术在其基础指标的量化评分已经给出的情况下，通过“线性加权和”逐级聚合的方法，最终可以求得它的防治能力评分值。

用线性加权和的方法来计算体系中各技术污染防治效果的公式为：

$$C_i = \sum_{j=1}^{M} W_j \left[\sum_{k=1}^{m} W_{jk} \times F_{jk} \right]$$

式中：C_i——第 i 个技术的污染防治能力分值；

M——衡量第 i 个技术评估指标体系中的二级指标的个数；

m——基本指标下属的子三级指标 C 的个数；

W_j——相对于总目标层 A 的基本指标 B 的权重系数；

W_{jk}——相对于基本指标 B 的子指标 C 的权重系数；

F_{jk}——衡量第 i 个技术的基础指标 C 的量化评分值。

上式也可简化为下面公式：

$$C_i = \sum_{j=1}^{M} W_{ij} \times F_{jk}$$

式中：C、M 和 F_{jk} 的意义同上。

W_{ij}——第 i 个技术的基础指标 C 的综合权重系数。

计算过程：通过查评估体系各技术的基础指标综合评分表可得该技术的各项基础指标内的量化评分值，利用加权线性求和法，将所得数据代入前面两个计算公式中的一个进行计算，即可得该技术的污染防治能力分值。

4.2.6 不同类型污染防治技术评估指标体系及权重

根据行业特点，将啤酒行业污染防治技术分为过程污染预防技术和末端污染治理技术两个方面，以下对不同类型技术的指标体系和权重分别进行介绍。

4.2.6.1 生产过程污染预防技术

啤酒制造业污染过程控制技术评估指标体系如图 4-2 所示，但由于污染过程控制技术根据控制的主要污染物不同，将过程污染控制技术分为节水减排技术、废水污染减排技术、固废污染减排技术和废气污染减排技术，不同过程控制技术针对的主要污染物不同，所以在过程污染控制指标中存在差异，如考虑到节水减排技术对固废、废气排放的影响不是特别显著，因此在节水减排技术评估指标体系中衡量过程污染控制效果的指标只有废水控制效果。废水污染减排技术可以降低废水中 COD、BOD 浓度，因此废水减排技术评估指标体系与节水减排技术评估指标体系相比，在衡量过程污染控制效果的指标上除废水控制效果，还增加了固废控制效果指标。不同过程污染预防技术评估指标体系见图 4-4～图 4-7。

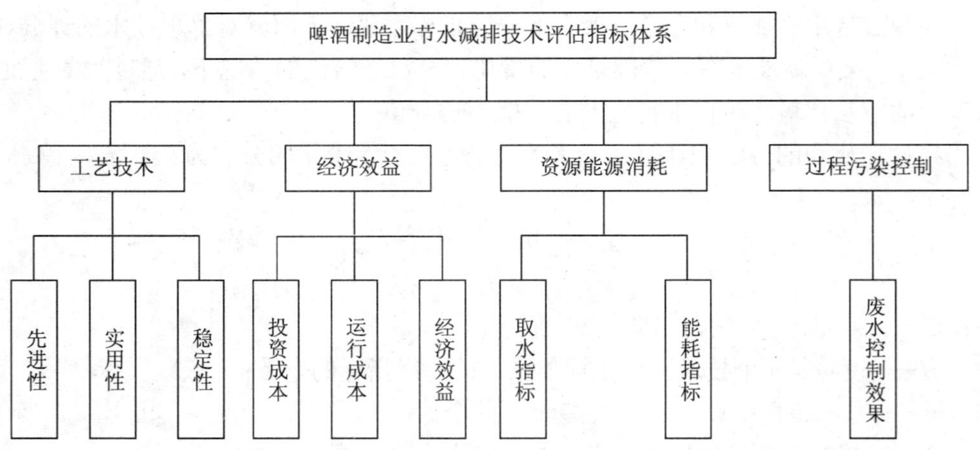

图 4-4　节水技术评估指标体系

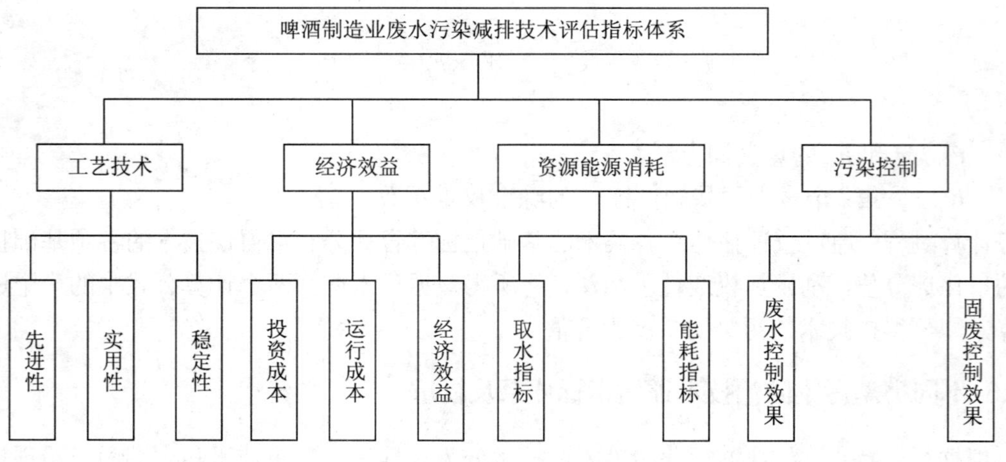

图 4-5　废水污染减排技术评估指标体系

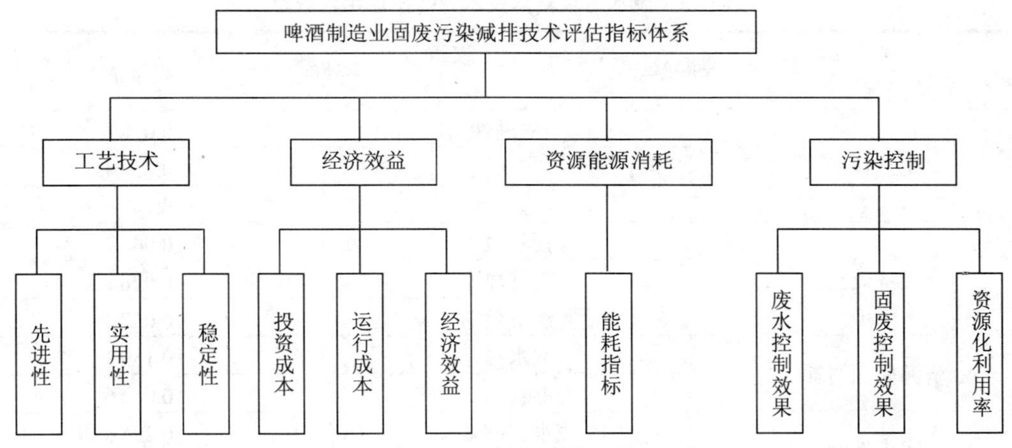

图 4-6　固废污染减排技术评估指标体系

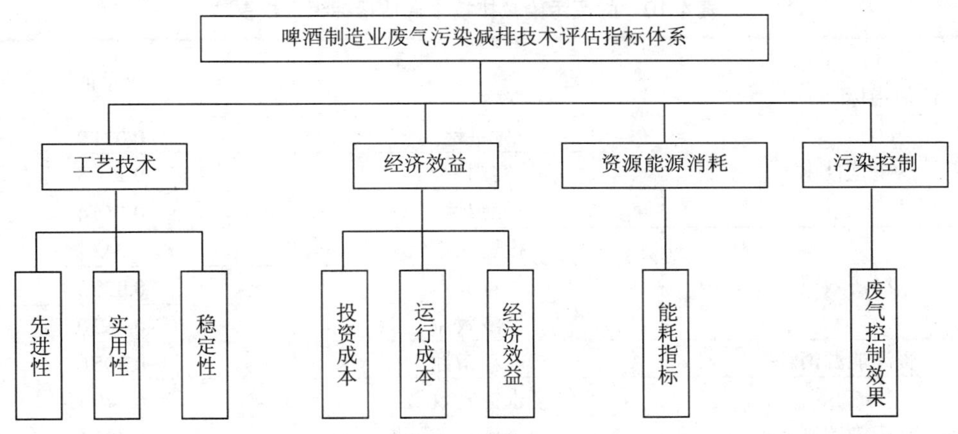

图 4-7　废气污染减排技术评估指标体系

在评估指标体系建立后，由 15 名专家分别对各指标的重要性进行赋值（见附件 1），利用层次分析法根据专家赋值计算各指标权重，得到不同过程污染控制技术评估指标权重，结果分别见表 4-8～表 4-11。

表 4-8　节水减排技术评估指标组合权重

评估指标 \ 权重		权重值
工艺技术	先进性	0.0726
	实用性	0.1525
	稳定性	0.1476
经济效益	投资成本	0.0416
	运行成本	0.0335
	经济效益	0.0571
资源能源消耗	取水指标	0.1523
	能耗指标	0.0591
污染控制	废水控制效果	0.2838

表 4-9　废水污染减排技术评估指标组合权重

评估指标		权重值
工艺技术	先进性	0.0781
	实用性	0.1574
	稳定性	0.1485
经济效益	投资成本	0.0427
	运行成本	0.0281
	经济效益	0.0573
资源能源消耗	取水指标	0.1393
	能耗指标	0.0646
污染控制	废水控制效果	0.2068
	固废控制效果	0.0773

表 4-10　固废污染减排技术评估指标组合权重

评估指标		权重值
工艺技术	先进性	0.0719
	实用性	0.1568
	稳定性	0.1544
经济效益	投资成本	0.0437
	运行成本	0.0282
	经济效益	0.0620
资源能源消耗	能耗指标	0.2056
污染控制	废水控制效果	0.1403
	固废控制效果	0.0886
	资源化利用率	0.0487

表 4-11　废气污染减排技术评估指标组合权重

评估指标		权重值
工艺技术	先进性	0.0719
	实用性	0.1568
	稳定性	0.1544
经济效益	投资成本	0.0437
	运行成本	0.0282
	经济效益	0.0620
资源能源消耗	能耗指标	0.2056
污染控制	废气控制效果	0.1403

从权重值的分布来看，各种污染减排技术不仅评估指标体系的构成不同，而且指标权重间也存在差异，如节水减排技术和废水污染减排技术，权重值最高的是废水控制效果，

即每千升啤酒废水排放的减少量，其次为技术的实用性和稳定性。而固废污染和废气污染减排技术，权重值最高的指标均为能耗指标，说明高能耗是限制此类技术发展的关键。

4.2.6.2 末端污染治理技术

啤酒末端治理技术根据处理污染物的种类不同，可分为综合废水末端处理技术、恶臭污染治理技术和污泥无害化处理处置技术，而综合废水末端治理技术根据不同处理过程又可分为预处理技术、生物处理技术和深度处理技术。根据不同末端治理技术的特点，结合专家的意见，对图 4-3 末端治理技术评估指标体系相关指标进行取舍，形成不同末端治理技术评估指标体系，见图 4-8～图 4-12。

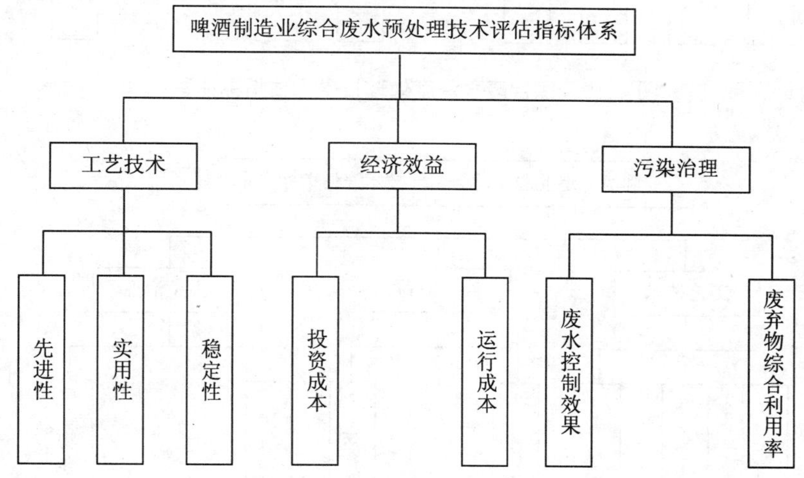

图 4-8　综合废水预处理技术评估指标体系

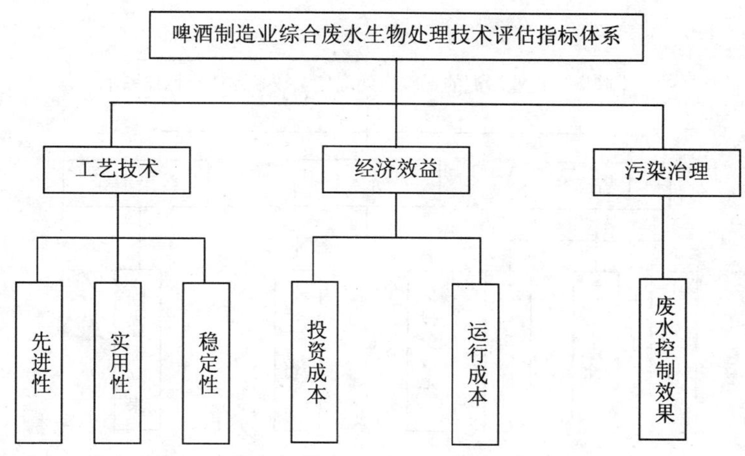

图 4-9　综合废水生物处理技术评估指标体系

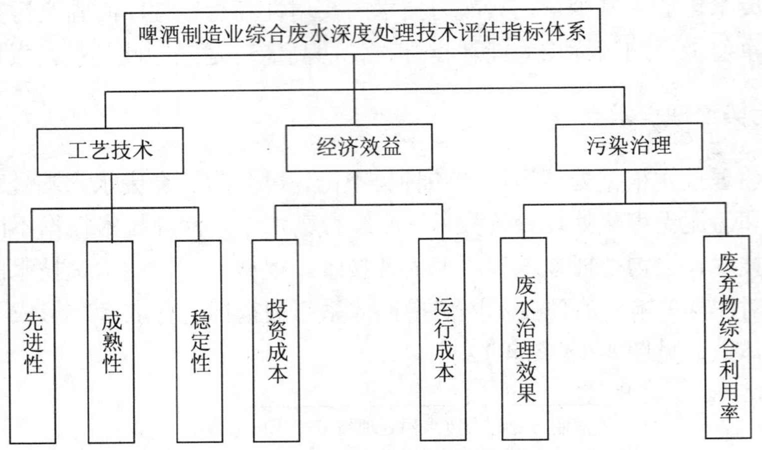

图 4-10　综合废水深度处理技术评估指标体系

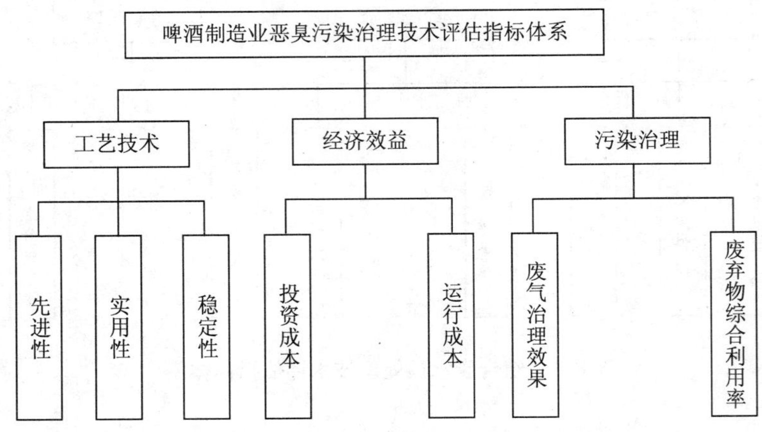

图 4-11　恶臭污染治理技术评估指标体系

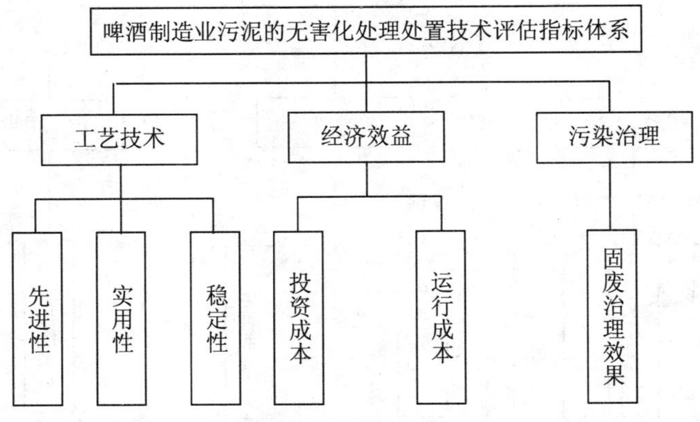

图 4-12　污泥的无害化处理处置技术评估指标体系

由 15 名专家分别对各指标的重要性进行赋值，利用层次分析法根据专家赋值计算各指标权重，具体计算过程见附件 1，得到不同过程污染控制技术评估指标权重，结果分别见表 4-12～表 4-16。

表 4-12　综合废水预处理技术评估指标组合权重

评估指标 \ 权重		权重值
工艺技术	先进性	0.084 6
	成熟性	0.200 7
	稳定性	0.196 2
经济效益	投资成本	0.101 9
	运行成本	0.091 5
污染控制	废水治理效果	0.167 2
	废物综合利用率	0.157 8

表 4-13　综合废水生物处理技术评估指标组合权重

评估指标 \ 权重		权重值
工艺技术	先进性	0.093 6
	成熟性	0.193 4
	稳定性	0.180 4
经济效益	投资成本	0.105 5
	运行成本	0.096 5
污染控制	废水控制效果	0.330 6

表 4-14　废水深度处理技术评估指标组合权重

评估指标 \ 权重		权重值
工艺技术	先进性	0.089 4
	成熟性	0.201 9
	稳定性	0.190 0
经济效益	投资成本	0.090 4
	运行成本	0.085 1
污染控制	废水治理效果	0.183 5
	综合资源利用率	0.159 8

表 4-15　恶臭治理技术评估指标组合权重

评估指标 \ 权重		权重值
工艺技术	先进性	0.080 3
	成熟性	0.210 1
	稳定性	0.190 6
经济效益	投资成本	0.092 1
	运行成本	0.082 4
污染控制	废水治理效果	0.176 1
	综合利用率	0.168 4

表 4-16 污泥的无害化处理处置技术评估指标组合权重

评估指标＼权重		权重值
工艺技术	先进性	0.091 5
	成熟性	0.195 3
	稳定性	0.194 0
经济效益	投资成本	0.090 0
	运行成本	0.086 7
污染控制	固废治理效果	0.342 4

由于废水治理技术种类比较多，而且在不同企业均有应用实例，所以在评估技术时首先要考虑到污染控制效果，如在废水二次处理技术中，仅废水治理效果权重达到了 0.330 6，同样在污泥的无害化处理处置技术评估中固废治理效果权重达到了 0.342 4，而其它末端治理技术中污染控制总权重也是最高的，权重值与实际情况完全相符，这也证明了研究选择的评估方法科学、合理。

4.2.7 评估过程

模糊综合评估方法是把多个描述被评估对象不同方面且量纲不同的定性和定量指标，转化为无量纲的评估值，并综合这些评估值以得出对该评价对象的一个整体评价。多指标综合评估法具有多指标、多层次特性，能较好地处理大型复杂系统的资源评估问题，因而得到了广泛的应用。我们选择这个方法对啤酒制造业污染防治方法进行评估，就是考虑到了这个方法的综合性、多层次、多指标、复杂性等方面的优势，主要评估过程如图 4-13 所示。

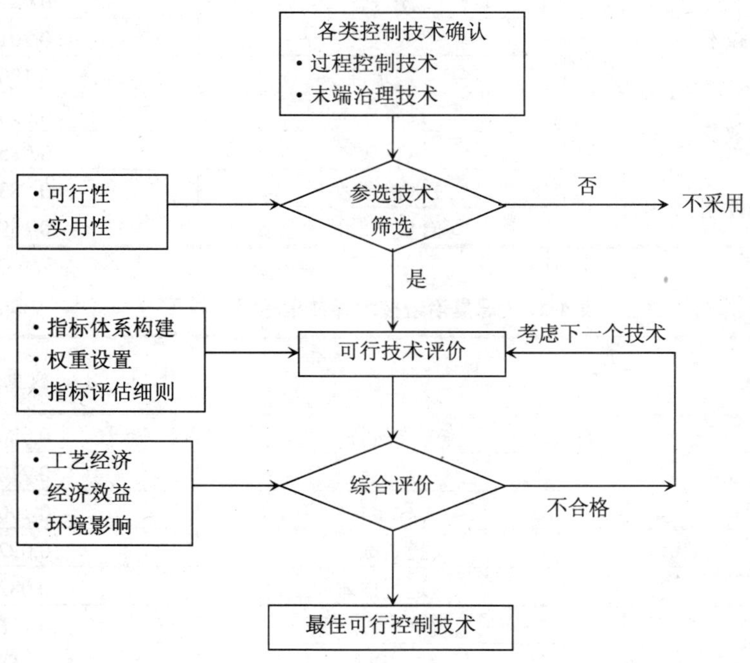

图 4-13 污染防治技术评估流程

4.2.7.1 污染防治技术确认

首先对啤酒生产各工艺过程中使用的污染防治技术进行确认，这些污染防治技术包括现有的减排技术或经评估后可实际应用的技术。污染减排技术包括生产过程中可行的方法、系统或技术，同时也包括能有效控制污染物产生量的技术、清洗处理产生量的技术、清洗处理等可达到最低排放率的技术。

该步骤的主要目的是确认所有对污染物排放具有应用潜力的控制技术，一般较为可行的选择可归纳为三种方式：

（1）选择污染排放量少的工艺：包括可避免排放或减少排放的所有方式，如改变所使用的原料、生产工艺、现场操作方式等。

（2）安装外加控制设备：如水资源回收处理设备、离心机、CIP 清洗装置等，都是可控制或减少排放的控制设备。

（3）上述二者的结合：利用高浓酿造技术与安装水资源回收处理设备，以降低废水的排放量。

控制技术的认定须考虑上述三者所有具有应用潜力的控制技术，其中选择排放量少的过程是基于现有的过程，而安装外加控制设备，则相对地必须考虑排放废弃物的物理及化学特性。因此在确认污染减排技术时，应确保是国内外已经证实的有效的污染防治技术。

4.2.7.2 污染可行控制技术的选择

选择污染防治可行控制技术是以特定污染物为评估指标，选择时可从两方面进行考虑：

（1）可行性：是指该污染减排技术是否满足啤酒生产的要求，是否达到了预期目的。

（2）实用性：是指该技术使用的普遍性。若某技术仍处于试验阶段，则不可行，除非应用到工业化生产中才可视为可行的技术。

在此步骤可能出现的问题是，有很多减排效率一般的技术需要考虑，为了避免进一步分析工作太过复杂，可将减排效率一般而成本较高的技术剔除，进而缩小选择的范围。

4.2.7.3 可行技术和最佳可行技术的评估

最佳可行技术分为生产过程的最佳污染预防技术、末端治理的最佳污染治理技术两个方面，其侧重点有所不同，因此指标体系分别建立，专家打分表格的设计格式见表 4-17、表 4-18，具体评估方法如下：

（1）对于某生产工段或末端治理可行的技术只有一种时，直接认定为最佳可行技术。

（2）对于同一工段或同一类型的技术有多种时，需要通过综合评估确定。列出评估指标表，征询专家意见，必要时根据专家意见对定性评估指标进行适当调整。

（3）打分时针对每一项技术打一个分数，对于某工段的某项技术不涉及某一具体指标时，可去掉该项指标。

（4）定性评估指标由专家根据经验直接给出打分。具体分值参考表 4-2 指标评估细则。

（5）对于客观性评估指标，给出指标限值可采用如下两种方式：一是由专家组讨论后给出分数；二是根据环境技术数据库中数据，查出该指标的最优值与最差值，最优值得 5 分，最差值得 1 分，在最优值与最低值之间通过均匀插值分为 5 档。

（6）权重的获取采用层次分析法，权重因具体工艺、具体工段有所不同，同一技术各指标的权重之和等于 1，具体指标权重值参考表 4-8～表 4-16。

（7）根据统计结果，达到较好以上水平（该技术平均总得分=对每一指标的平均分与该指标的权重乘积后求和≥4）的参选技术即定为最佳可行技术，而达到一般水平（该技术平均总得分=对每一指标的平均分与该指标的权重乘积后求和≥3）的参选技术即定为可行技术，其他技术为一般技术。

表 4-17 生产过程控制指标打分表

目标层	准则层	指标层	权重	平均分	5	4	3	2	1
最佳可行技术评估	工艺技术	先进性							
		成熟性							
		稳定性							
	经济效益	投资成本							
		运行成本							
		经济效益							
	资源能源消耗	取水指标							
		能耗指标							
	污染治理	废水控制效果							
		废气控制效果							
		固废控制效果							
		废物综合利用							

表 4-18 末端治理控制指标打分表

目标层	准则层	指标层	权重	平均分	5	4	3	2	1
最佳可行技术评估	工艺技术	先进性							
		成熟性							
		稳定性							
	经济效益	投资成本							
		运行成本							
		经济效益							
	资源能源消耗	能耗指标							
		占地面积							
	污染治理	废水控制效果							
		废气控制效果							
		固废治理效果							
		二次污染							

4.2.8 评估方法应用示例

为了验证建立的技术综合评估方法，对啤酒发酵过程中采用的高浓酿造后稀释技术进行了实证研究。啤酒高浓酿造后稀释技术是在啤酒生产中所生产麦汁浓度高于对应所生产啤酒中麦汁浓度，并在生产后期用水稀释成正常浓度啤酒的工艺。如正常发酵的麦汁浓度为 8～12°P，高浓麦汁则为 13～17°P。高浓酿造后稀释工艺在啤酒工业的应用范围已达 70%以上。

高浓酿造目前在我国大中型啤酒企业中普遍应用，本研究的数据来源主要有 3 种：一是具体调研数据；二是啤酒企业清洁生产审核报告；三是文献调研数据。

4.2.8.1 技术背景资料

高浓酿造后稀释技术 20 世纪 80 年代传入中国，90 年代中后期酿造稀释技术在中国的啤酒行业开始兴起，近几年在我国啤酒企业中普遍应用，该技术的优点在于可显著降低能量消耗、劳动成本及清洗、排污成本。由于高浓酿造添加稀释水的比例可达 100%以上，因此，设备操作时间和冷耗等方面都将节约 100%，啤酒生产过程的输送量也会减少，相对酒损也较小。

主要技术参数如下：

以年产 3 万 kL 啤酒计算，采用高浓酿造技术（麦汁浓度 14～16°P）每年大约可节水 2400 m^3、节约电消耗 240000 kW·h、节约煤 160 t、酒损节约量约为 80 kL。

4.2.8.2 评估过程

选取专家的评分表作为依据来计算，过程污染控制技术评估表及各指标重要性比较表分别见表 4-19～表 4-23。

表 4-19　根据某专家打分的过程污染控制技术评估表

评估指标 \ 工艺技术		高浓酿造后稀释技术
工艺技术	先进性	5
	成熟性	5
	稳定性	4
经济效益	投资成本	4
	运行成本	5
	经济效益	4
资源能源消耗	取水指标	5
	能耗指标	3
污染控制	废水控制效果	5

表 4-20　某专家给出的二级指标之间重要性比较表

	工艺技术	经济效益	资源能源消耗	污染控制
工艺技术	1	1/2	1/3	1/7
经济效益	2	1	1/2	1/5
资源能源消耗	3	2	1	1/3
污染控制	7	5	3	1

表 4-21 某专家给出的三个三级指标之间重要性比较表

	先进性	成熟性	稳定性
先进性	1	3	3
成熟性	1/3	1	1
稳定性	1/3	1	1

表 4-22 某专家给出的三个三级指标之间重要性比较表

	投资成本	运行成本	经济效益
投资成本	1	2	1/2
运行成本	1/2	1	1/3
经济效益	2	3	1

表 4-23 某专家给出的两个三级指标之间重要性比较表

	kL 啤酒取水量	kL 啤酒能耗量
kL 啤酒取水量	1	3
kL 啤酒能耗量	1/3	1

（1）准则层（二级指标）对目标层（一级指标）的权向量的计算。根据表 4-20 的数据，确定其判断矩阵为：

$$
\boldsymbol{A}=\begin{bmatrix}1 & 1/2 & 1/3 & 1/7\\ 2 & 1 & 1/2 & 1/5\\ 3 & 2 & 1 & 1/3\\ 7 & 5 & 3 & 1\end{bmatrix}
$$

（2）由判断矩阵推导属性判断矩阵

在属性判断矩阵中，元素 u_i 和 u_j 的相对属性测度由 u_{ij} 给出，两者之间的关系如下：

$$
\mu_{ii}=0
$$

$$
\mu_{ij}=\begin{cases}\dfrac{k}{k+1} & d_{ij}=k\\ 0.5 & d_{ij}=1 \qquad i\neq j\\ \dfrac{1}{k+1} & d_{ij}=\dfrac{1}{k}\end{cases}
$$

其中，$1\leqslant i,j\leqslant n, 1\leqslant k\leqslant 9$

属性判断矩阵和相对权重可表示为：

$\boldsymbol{A}$	u_1	u_2	…	u_n	$\boldsymbol{W}_A$
u_1	u_{11}	u_{12}	…	u_{1n}	$\boldsymbol{W}_{A1}$
u_2	u_{11}	u_{12}	…	u_{1n}	$\boldsymbol{W}_{A2}$
⋮	⋮	⋮	…	⋮	⋮
u_n	u_{11}	u_{12}	…	u_{1n}	$\boldsymbol{W}_{An}$

其中指标 u_i 的权重 w_i 为 $$w_c(i)=\frac{2}{n(n-1)}\sum_{j=1}^{n}\mu_{ij}$$

$$\boldsymbol{U}=\begin{bmatrix}0 & 1/3 & 1/4 & 1/8\\ 2/3 & 0 & 1/3 & 1/6\\ 3/4 & 2/3 & 0 & 1/4\\ 7/8 & 5/6 & 3/4 & 0\end{bmatrix}$$

准则层对目标层的权向量为 $\boldsymbol{W}^{(2)}$=(0.118 1，0.194 4，0.277 8，0.409 7)^T

（3）该矩阵的最大特征根 $\lambda_{\max}$=4.019 2，RI=0.9，一致性检验：一致性指标 CI=$\frac{\lambda-n}{n-1}$=$\frac{4.019\,2-4}{4-1}$=0.006 4，一致性比率 CR = CI/RI = 0.006 4/0.9 = 0.007＜0.1，故通过一致性检验。

（4）根据以上步骤，计算同一层次所有因素对于高层（目标层）相对重要性权值，确定啤酒制造业污染防治技术评估指标的权重值。

表 4-24 工艺技术三个三级指标对工艺技术的权向量 $W_1^{(3)}$

因素项	先进性	成熟性	稳定性
先进性	1	3	3
成熟性	1/3	1	1
稳定性	1/3	1	1
权重	0.600 0	0.200 0	0.200 0
λ=3.000 CI=0 RI=0.580 0 CR=0			

表 4-25 经济效益三个三级指标对经济效益的权向量 $W_2^{(3)}$

因素项	投资成本	运行成本	经济效益
投资成本	1	2	1/2
运行成本	1/2	1	1/3
经济效益	2	3	1
权重	0.297 0	0.163 4	0.539 6
λ=3.009 2 CI=0.004 6 RI=0.580 0 CR=0.007 9			

表 4-26 资源能源消耗两个三级指标对资源能源消耗的权向量 $W_3^{(3)}$

因素项	kL 啤酒取水量	kL 啤酒能耗量
kL 啤酒取水量	1	3
kL 啤酒能耗量	1/3	1
权重	0.750 0	0.250 0
λ=2.000 CI=0 RI=0 CR=0		

由于污染防治三级指标中只有废水防治效果一个指标，所以其指标权重 $W_4^{(3)}$=1。

（5）指标层对目标层的权向量的计算。

指标层对目标层的权向量 $W^{(3)}$=准则层对目标层的权向量×指标层对准则层的权向量，结果见表 4-27。

表 4-27　啤酒制造业污染物过程控制技术综合评价体系

	一级指标	权重	二级指标	权重	合成权重
过程控制技术评估指标体系	工艺技术	0.118 1	先进性	0.600 0	0.070 9
			成熟性	0.200 0	0.023 6
			稳定性	0.200 0	0.023 6
	经济效益	0.194 4	投资成本	0.297 0	0.057 7
			运行成本	0.163 4	0.031 8
			经济效益	0.539 6	0.104 9
	资源能源消耗	0.277 8	取水指标	0.750 0	0.208 4
			能耗指标	0.250 0	0.069 5
	污染控制	0.409 7	废水控制效果	1.000 0	0.409 7

表 4-28　根据专家打分得出的最佳可行技术综合评分表

一级指标	二级指标	高浓酿造后稀释技术		
		权重	技术打分	综合得分
工艺技术	先进性	0.070 9	5	0.354 5
	成熟性	0.023 6	5	0.118 0
	稳定性	0.023 6	4	0.118 0
经济效益	投资成本	0.057 7	4	0.230 8
	运行成本	0.031 8	5	0.159 0
	经济效益	0.104 9	4	0.419 6
资源能源消耗	取水指标	0.208 4	5	1.042 0
	能耗指标	0.069 5	3	0.208 5
污染控制	废水控制效果	0.409 7	5	2.048 5
技术综合得分：4.698 9				

表 4-28 中技术综合得分等于每个指标的权重与相应的技术打分的乘积，技术综合总得分等于每个指标的综合得分之和。15 个专家可以得到 15 个不同的技术综合总得分，然后求平均值得到技术平均总得分。由此得出高浓酿造后稀释技术的最终综合评估得分为 4.698 9，根据最佳可行技术“平均总得分≥4”来进行筛选，可以认定高浓酿造后稀释技术为生产过程污染预防最佳可行技术。

第 5 章　啤酒制造业污染防治最佳可行技术的筛选和评估

5.1 啤酒制造业污染防治最佳可行技术评估原则

根据行业特点，将啤酒行业污染防治技术分为生产过程的污染预防技术和末端治理的污染治理技术两个方面，生产过程污染防治技术根据效果分为节水减排技术、废水减排技术、固废减排技术和废气减排技术，针对不同技术分类评估，并在评估时坚持以下原则：

（1）对于某生产工段或末端治理可行的技术只有一种时，直接认定为最佳可行技术。

（2）对于同一工段或同一类型的技术有多种时，需要通过综合评估确定。列出评估指标表，征询专家意见，必要时根据专家意见对定性评估指标进行适当调整。

（3）打分时针对每一项技术打一个分数，对于某工段的某项技术不涉及某一具体指标时，可去掉该项指标。

（4）定性评估指标由专家根据经验直接给出打分。具体分值参考表 4-2 指标评估细则。

（5）对于客观性评估指标，给出指标限值可采用如下两种方式：一是由专家组讨论后给出分数；二是根据环境技术数据库中数据，查出该指标的最优值与最差值，最优值得 5 分，最差值得 1 分，在最优值与最低值之间通过均匀插值分为 5 档。

（6）权重的获取采用层次分析法，权重因具体工艺、具体工段有所不同，同一技术各指标的权重之和等于 1，具体指标权重值参考表 4-7～表 4-15。

（7）根据统计结果，达到较好以上水平（该技术平均总得分=对每一指标的平均分与该指标的权重乘积后求和≥4）的参选技术即定为最佳可行技术，而达到一般水平（该技术平均总得分≥3）的参选技术即定为可行技术。

5.2 啤酒制造业污染防治最佳可行技术评估

5.2.2 过程减排最佳可行技术的评估

5.2.2.1 最佳节水减排技术的评估

啤酒厂所有的用水按照其要求和用途可分为酿造用水、清洗用水和辅助生产用水，清洗用水占到了啤酒企业每天耗水量的 37%，其次为工艺用水，占总用水量的 34%。从啤酒厂降低用水单耗的角度看，能够回收重复使用的主要是用于冲洗与顶水用的那部分，可降低水耗的潜力在 0.15 m^3/kL 左右；同时在制备酿造水过程中也存在水的损耗，应根据工艺与损耗水水质的情况来降低或利用这部分损耗水，降低酿造水使用量在整个啤酒厂节水中不占主导位置。各类清洗用水量占到整个啤酒厂用水量的 37%，由于各类清洗用水的相当部分在使用之后仍很清洁或稍加处理后即变清洁，使得清洗用水的重复使用或循环使用成为可能，是降低整个啤酒用水的主要方面，可降低水耗的潜力在 0.45 m^3/kL 左右，也是本研究重点节水环节。各类辅助用水由于不与啤酒或其容器直接接触，在整个使用过程中添加必要的回流或添加不同种类的化学药品后即可实现循环使用或延长使用周期，也是降低啤酒用水主要考虑的方面，可降低水耗的潜力在 0.25 m^3/kL 左右，同时使用后回收到的酿造水与净化水也可直接或稍加处理作为辅助用水使用。

根据调研结果，国内啤酒企业应用的降低清洗用水技术主要有 CIP 清洗技术、最后一道清洗水的再利用技术、液位测量技术、流量测量技术和再生水的回用技术。其中 CIP 清洗技术、液位测量技术、流量测量技术和再生水的回用技术贯穿啤酒生产的整个过程，而最后一道清洗水的再利用技术是包装工序中的主要节水技术。

降低酿造用水的技术包括煮沸锅二次蒸汽回收利用技术、高浓酿造后稀释技术和巴氏杀菌水的再利用技术。15 位专家对各不同节水减排技术的打分值见附件 2 中表 2.1～表 2.9，平均值见表 5-1。

表 5-1 节水减排技术专家打分平均值表

指标	打分值	CIP 清洗技术	高浓酿造后稀释技术	最后一道清洗水的再利用技术	液位测量技术	流量测量技术	再生水的回用技术	巴氏杀菌水的再利用技术	二次蒸汽回收利用技术	冷凝水回收利用技术
工艺技术	先进性	4.87	4.93	2.93	2.13	2.13	4.87	3.13	4.80	3.13
	成熟性	4.80	4.87	4.93	4.33	4.73	3.93	4.20	4.13	4.33
	稳定性	4.87	4.00	5.00	4.20	4.07	3.93	4.13	3.87	4.33
经济效益	投资成本	3.07	3.93	4.07	3.87	3.87	3.13	3.87	3.07	3.87
	运行成本	3.20	4.80	3.93	3.07	3.20	3.79	4.80	3.13	4.80
	经济效益	4.73	4.07	2.13	2.07	1.93	1.87	1.93	4.07	4.27
资源能源消耗	取水指标	4.73	4.87	2.07	2.20	2.13	2.93	3.07	3.07	3.67
	能耗指标	3.00	3.00	3.93	3.87	4.53	3.07	3.13	3.07	3.27
污染控制	废水控制效果	4.93	4.93	3.07	1.87	1.93	2.80	2.80	4.87	3.60

将表 4-8 中的权重值乘以表 5-1 中对应的分值，得到每个技术的综合得分，见表 5-2。

由 15 位专家根据各技术的特点，按照打分细则给每个技术一个分值，这样可以得到 15 个不同的技术分值，然后求平均值得到技术平均分值。由此得出不同节水减排技术的最终综合评估得分，如表 5-2 所示。

根据最佳可行技术"平均总得分≥4"，可行技术"平均总得分≥3"来筛选，可以认定在节水减排技术中 CIP 清洗技术、高浓酿造后稀释技术和麦汁煮沸过程中二次蒸汽回收利用技术属过程减排最佳可行技术。最后一道清洗水的再利用技术、巴氏杀菌水的再利用技术、再生水的回用技术和冷凝水的回收利用技术为可行技术，而液位测量技术和流量测量技术为一般技术。

表 5-2　节水减排技术控制指标打分表

指标 \ 综合得分		CIP 清洗技术	高浓酿造后稀释技术	最后一道清洗水的再利用技术	液位测量技术	流量测量技术	再生水的回用技术	巴氏杀菌水的再利用技术	二次蒸汽回收利用技术	冷凝水回收利用技术
工艺技术	先进性	0.353 4	0.358 2	0.213 0	0.154 9	0.154 9	0.353 4	0.227 5	0.348 5	0.227 3
	成熟性	0.731 8	0.741 9	0.752 1	0.660 1	0.721 1	0.599 7	0.640 3	0.630 1	0.660 1
	稳定性	0.718 5	0.590 6	0.738 2	0.620 1	0.600 9	0.580 7	0.610 3	0.570 9	0.639 3
经济效益	投资成本	0.127 5	0.163 5	0.169 1	0.160 8	0.160 9	0.130 3	0.160 8	0.127 5	0.160 9
	运行成本	0.107 2	0.160 8	0.131 8	0.102 7	0.107 2	0.126 8	0.160 8	0.105 0	0.160 8
	经济效益	0.270 1	0.232 0	0.121 7	0.117 9	0.110 3	0.106 5	0.110 3	0.232 0	0.243 6
资源能源消耗	取水指标	0.720 9	0.741 2	0.314 8	0.335 1	0.324 9	0.446 8	0.467 1	0.467 1	0.559 0
	能耗指标	0.177 3	0.177 3	0.232 1	0.228 7	0.267 7	0.181 2	0.185 2	0.181 4	0.193 2
污染控制	废水控制效果	1.399 9	1.399 9	0.870 2	0.530 6	0.548 6	0.794 5	0.794 5	1.381 9	1.021 5
技术综合得分		4.606 5	4.565 5	3.543 0	2.910 9	2.996 5	3.319 9	3.356 7	4.044 5	3.865 8

CIP 清洗技术虽然是节水减排最佳技术，但根据清洗对象的不同，CIP 清洗程序差异很大，经过评估，推荐发酵罐清洗应采用 CIP 冷清洗技术，即以常温碱洗为主，配合定期的酸洗，清酒罐以带压酸洗为主，配合定期碱洗；清洗管路以高温碱洗为主，配合定期酸洗。

最后一道清洗水的再利用技术、巴氏杀菌水的再利用技术、再生水的回用技术和冷凝水的回收利用技术是目前啤酒企业普遍采用的节水技术，从这些技术的使用效果方面来看，企业间差异很小，因此不作为最佳技术来推荐。

液位测量技术和流量测量技术影响啤酒企业的耗水量，但一方面这两个技术属于普遍应用的技术，另一方面其节水效果显著性较差，很难用量化指标来衡量，只能作为一般技术。

5.2.2.2 最佳废水减排技术的评估

啤酒废水按有机物含量可分成 3 类：

（1）清洁废水。来自制冷、糖化、发酵和灌装车间的大量冷冻机冷却水、麦汁冷却水、发酵冷却水及洗瓶机最后的冲洗水等。这部分水比较清洁，可以回收利用。

（2）清洗废水。来自各车间的生产装置清洗水、发酵车间漂洗酵母水、灌装车间洗瓶水等，这部分水含有多少不一的有机物和无机物，如废酵藻土及洗涤剂等。

（3）含渣废水。来自糖化车间、发酵车间、灌装车间的含麦糟、冷热凝固物、剩余酵母等有机悬浮性固体的废水，含渣废水还包括来自灌装车间的带有酒瓶碎渣和商标碎片等无机物的废水。

啤酒废水中一般以废酵母的 COD 值最高，达 180 000 mg/L，其次为啤酒、热凝固物和弱麦汁，COD 分别为 150 000、120 000 mg/L 和 10 000 mg/L，而 CIP 清洗中使用的碱液对废水 pH 的影响非常显著，在生产中应进行回收处理。因此啤酒生产过程中废水减排技术主要围绕上述污染物的回收处理展开，涉及的技术包括废碱液回收利用技术、弱麦汁回收技术、残酒回收技术、热凝固物回收利用技术和干排糟技术。

15 位专家对各不同废水减排技术的打分值见附件 2 中表 2.10～表 2.14 所示，平均值见表 5-3。

表 5-3 废水减排技术专家打分平均值表

指标＼打分值		废碱液回收利用技术	弱麦汁回收技术	残酒回收技术	热凝固物回收利用技术	干排糟技术
工艺技术	先进性	3.13	3.20	3.20	3.13	5.00
	成熟性	4.93	4.87	4.80	4.87	4.87
	稳定性	4.87	4.93	4.87	4.80	4.20
经济效益	投资成本	4.07	4.07	4.07	3.93	2.93
	运行成本	3.93	4.80	4.73	4.07	3.07
	经济效益	4.80	4.07	3.93	3.93	3.87
资源能源消耗	取水指标	3.13	3.13	3.07	3.07	4.07
	能耗指标	4.00	4.00	4.00	4.07	3.87
污染控制	废水控制效果	4.80	4.80	4.73	4.67	4.07
	废水控制效果	3.07	4.13	3.20	3.93	4.93

将表 4-9 中的权重值乘以表 5-3 中对应的分值，得到每个技术的综合得分，见表 5-4。

表 5-4 废水减排技术综合评估表

指标＼综合得分		废碱液回收利用技术	弱麦汁回收技术	残酒回收技术	热凝固物回收利用技术	干排糟技术
工艺技术	先进性	0.244 6	0.249 8	0.249 8	0.244 6	0.390 3
	成熟性	0.776 5	0.766 0	0.755 5	0.766 0	0.766 0
	稳定性	0.722 5	0.732 4	0.722 5	0.712 6	0.623 6
经济效益	投资成本	0.173 5	0.173 5	0.173 5	0.167 8	0.125 2
	运行成本	0.110 6	0.135 0	0.133 1	0.114 4	0.086 3
	经济效益	0.274 9	0.232 9	0.225 3	0.225 3	0.221 5
资源能源消耗	取水指标	0.436 6	0.436 6	0.427 3	0.427 3	0.566 7
	能耗指标	0.258 3	0.258 3	0.258 3	0.262 6	0.249 7
污染控制	废水控制效果	0.992 5	0.992 5	0.978 7	0.964 9	0.840 9
	废水控制效果	0.237 1	0.319 5	0.247 4	0.304 0	0.381 3
技术综合得分		4.285 1	4.227 2	4.296 7	4.171 5	4.189 7

由于废水减排技术涉及的污染物种类不同，因此根据最佳可行技术评估原则“对于某生产工段或末端治理可行的技术只有一种时，直接认定为最佳可行技术”，因此这些技术可直接认定为最佳可行技术。另一方面从评估结果来看，5 个技术的综合得分均≥4，所以也证明是最佳可行技术，这也说明了研究规定的最佳可行技术评估原则是科学的。

5.2.2.3 固废最佳减排技术的评估

（1）错流膜过滤技术

啤酒企业主要的固体废弃物为麦糟、酵母和硅藻土，所涉及的固废减排技术有错流膜过滤技术，错流膜过滤技术替代硅藻土过滤技术，实现无土过滤，从而降低了硅藻土的排放量。15 位专家对错流膜过滤技术的综合评估分值见表 5-5，其详细打分情况见附表 2 中表 2.15。

表 5-5 错流膜过滤技术综合评估表

指标 \ 综合得分		错流膜过滤
工艺技术	先进性	0.349 9
	成熟性	0.501 8
	稳定性	0.452 8
经济效益	投资成本	0.090 3
	运行成本	0.092 2
	经济效益	0.297 4
资源能源消耗	取水指标	0.807 8
	能耗指标	0.318 5
污染控制	废水控制效果	0.407 6
	废水控制效果	0.058 4
技术综合得分		3.376 7

错流膜过滤技术是新型无土过滤技术，虽然技术为国际先进技术，但目前在国内使用的企业并不多，所以技术的成熟性和稳定性得分比较低，评估总分值为 3.376 7，虽然目前还不是最佳可行技术，但随着该技术使用范围越来越广，会成为代替硅藻土过滤的最佳技术。

（2）废酵母综合利用技术

目前废酵母的综合利用主要有四种技术：生产混合饲料或饲料添加剂、生产啤酒酵母抽提物、生产天然调味品和生产核苷酸，这四种技术中生产啤酒酵母抽提物和天然调味品在目前国内啤酒企业中还未见应用，根据最佳可行评估步骤中可行性和实用性的筛选原则，对这两个技术不进行专家打分，而对生产混合饲料或饲料添加剂和核苷酸的技术评估结果见表 5-6，专家打分情况见附件 2 中表 2.16 和表 2.17。

表 5-6 废酵母综合利用技术综合评估表

指标 \ 综合得分		废酵母回收生产饲料技术	废酵母回收生产核苷酸技术
工艺技术	先进性	0.220 3	0.311 1
	成熟性	0.763 1	0.396 7
	稳定性	0.741 0	0.473 9
经济效益	投资成本	0.131 1	0.043 7
	运行成本	0.088 4	0.080 9
	经济效益	0.297 4	0.285 0
资源能源消耗	取水指标	0.644 1	0.534 4
	能耗指标	0.523 8	0.486 9
污染控制	废水控制效果	0.425 3	0.295 1
	废水控制效果	0.236 8	0.188 3
技术综合得分		4.867 9	3.096 0

废酵母回收生产核苷酸技术虽然经济效益非常显著，但由于该技术投资比较高，而且废酵母中核糖核酸的提取率一般为 4.1%，原料利用率比较低，所以对啤酒企业来讲，不是酵母最佳利用方法。以废酵母为原料生产饲料可实现废酵母的 100%利用，该技术简单，成本低，是目前废酵母的最佳利用途径。

（3）麦糟综合利用技术

啤酒企业麦糟处理方法主要有两种：湿麦糟直接出售和麦糟经干燥处理后出售，这两种方法的评估结果见表 5-7，专家打分情况见附件 2 中表 2.18 和表 2.19。

表 5-7　麦糟综合利用技术综合评估表

指标 \ 综合得分		麦糟干燥生产饲料技术	湿麦糟生产饲料技术
工艺技术	先进性	0.229 9	0.071 9
	成熟性	0.752 6	0.606 8
	稳定性	0.730 7	0.473 9
经济效益	投资成本	0.136 9	0.180 5
	运行成本	0.107 2	0.126 1
	经济效益	0.268 5	0.132 0
资源能源消耗	取水指标	0.671 5	0.766 7
	能耗指标	0.514 5	0.318 5
污染控制	废水控制效果	0.425 3	0.372 2
	废水控制效果	0.236 8	0.184 9
技术综合得分		4.867 9	3.237 0

湿麦糟直接出售是目前小型啤酒企业麦糟主要处理方法，但这种工艺效益比较低，而且如果遇到高温气候，会引起麦糟质量的变化，造成二次污染，因此不是麦糟最佳处理方法，主要适合位于城乡结合部的啤酒企业。

（4）废硅藻土综合利用技术

硅藻土作为啤酒企业主要固体废弃物，目前处理方法有两种，一是直接填埋，这种方法无经济效益，会引起二次污染，所以不是最佳处理工艺。第二种处理方法是将硅藻土用于农田生产或用做建筑材料，相对于第一种方法，该方法具有一定经济效益，而且可避免二次污染，本研究对废硅藻土的利用技术进行评估，该技术的评估结果见表 5-8，专家打分情况见附件 2 中表 2.20。

表 5-8　废硅藻土综合利用技术综合评估表

指标 \ 综合得分		废硅藻土回收利用技术
工艺技术	先进性	0.148 5
	成熟性	0.752 6
	稳定性	0.751 2

指标 \ 综合得分		废硅藻土回收利用技术
经济效益	投资成本	0.177 7
	运行成本	0.109 0
	经济效益	0.136 3
资源能源消耗	取水指标	0.822 2
	能耗指标	0.458 3
污染控制	废水控制效果	0.425 3
	废水控制效果	0.230 3
技术综合得分		4.073 8

废硅藻土处理技术主要是填埋技术，虽然该技术是目前应用最多的一种技术，但其易造成二次污染，从长远来说，不是最佳硅藻土治理技术，推荐将硅藻土用于农田生产或用做建筑材料。

5.2.2.4 最佳废气减排技术的评估

（1）CO_2 回收利用技术

CO_2 是啤酒发酵过程中最重要的副产品之一，目前啤酒企业普遍处理方法是将 CO_2 进行收集、压缩、干燥、净化和液化处理，该技术的评估结果见表 5-9，专家打分情况见附件 2 中表 2.21。

表 5-9　CO_2 回收利用技术技术综合评估表

评估指标 \ 综合得分		CO_2 回收利用技术
工艺技术	先进性	0.222 79
	成熟性	0.811 78
	稳定性	0.618 57
经济效益	投资成本	0.144 09
	运行成本	0.154 63
	经济效益	0.181 91
资源能源消耗	能耗指标	0.623 84
污染控制	废气控制效果	1.317 93
技术综合得分		4.073 7

表 5-9 显示，由于 CO_2 是啤酒企业最大的废气来源，而目前唯一的处理技术就是 CO_2 回收利用技术，因此也可直接认定该技术为最佳可行技术。

（2）沼气回收利用技术

目前沼气利用一般有三种方式：将沼气直接引入锅炉燃烧技术、沼气热风干燥技术和沼气发电与制冷技术，三种技术的专家打分平均值见表 5-10，具体评估结果见表 5-11，专家打分情况见附件 2 中表 2.22～表 2.24。

表 5-10　沼气回收利用技术专家打分平均值表

评估指标＼打分值		沼气引入锅炉燃烧技术	沼气热风干燥技术	沼气发电与制冷技术
工艺技术	先进性	3.20	3.33	4.93
	成熟性	3.53	4.53	3.27
	稳定性	3.47	3.33	3.47
经济效益	投资成本	2.60	3.47	3.53
	运行成本	3.60	4.40	4.27
	经济效益	3.20	3.33	4.80
资源能源消耗	能耗指标	3.40	3.40	3.40
污染控制	废气控制效果	2.33	4.87	4.87

将表 4-10 中的权重值乘以表 5-10 中对应的分值，得到每个技术的综合得分，见表 5-11。

表 5-11　废气减排技术综合评估表

评估指标＼综合得分		沼气引入锅炉燃烧技术	沼气热风干燥技术	沼气发电与制冷技术
工艺技术	先进性	0.237 6	0.247 3	0.366 36
	成熟性	0.605 4	0.776 9	0.560 24
	稳定性	0.460 0	0.441 4	0.459 51
经济效益	投资成本	0.127 7	0.170 4	0.173 56
	运行成本	0.174 0	0.212 6	0.206 18
	经济效益	0.148 0	0.154 0	0.221 99
资源能源消耗	能耗指标	0.691 6	0.691 6	0.691 65
污染控制	废气控制效果	0.639 7	1.337 1	1.336 23
技术综合得分		3.084 1	4.031 5	4.015 7

表 5-11 显示，综合废水厌氧发酵生产沼气热风干燥技术和沼气发电与制冷技术的最终综合评估得分分别为 4.031 5 和 4.015 7，根据最佳可行技术“平均总得分≥4”来进行筛选，可以认定这两个技术都为最佳可行技术，其中沼气发电与制冷技术适合于年产啤酒 10 万 t 以上的啤酒企业，而沼气热风干燥技术适合所有规模的啤酒企业。沼气引入锅炉燃烧技术，由于沼气利用率低，所以不是最佳技术。

5.2.3 最佳末端治理技术的评估

5.2.3.1 废水前处理最佳可行技术评估

啤酒废水前处理技术包括中和、匀质（调节）、拦污、混凝、气浮/沉淀等处理单元。经过这些单元的处理，可将啤酒废水水质均衡，去除废水中影响反应器运行的有害污染物，使其符合进入集中处理装置的要求，降低后续生化处理的难度，并削减污染负荷。这些技术在啤酒企业普遍应用，而且不能相互代替，因此研究不进行评估。

5.2.3.2 废水二次处理最佳可行技术评估

二次处理技术包括厌氧处理技术和好氧处理技术，常用的厌氧处理技术有水解酸化池、升流式厌氧污泥床（UASB）、厌氧颗粒污泥膨胀床（EGSB）、气提式内循环厌氧反应器（IC）、好氧处理技术包括缺氧/好氧法（A/O）、序批式活性污泥法（SBR）及其变形工艺、氧化沟法、深井曝气池法、膜生物反应器和生物接触氧化法，对这些技术的评估结果见表 5-12、表 5-13，专家打分情况见附件 2 中表 2.25～表 2.35。

表 5-12　废水厌氧处理技术专家打分平均值表

评估指标 \ 打分值		水解酸化	UASB	IC	EGSB
工艺技术	先进性	3.07	4.80	3.20	3.13
	成熟性	3.93	4.87	4.80	4.80
	稳定性	3.13	4.93	4.87	3.80
经济效益	投资成本	2.93	4.47	4.13	3.73
	运行成本	2.87	4.87	4.73	4.07
污染控制	废气治理效果	3.13	4.80	4.73	4.47

表 5-13　废水好氧处理技术专家打分平均值表

评估指标 \ 打分值		A/O	SBR 及其变形技术	氧化沟	深井曝气	MBR	生物接触氧化	兼氧生物膜法
工艺技术	先进性	4.20	4.33	3.20	2.33	5.00	2.67	5.00
	成熟性	4.67	4.73	3.40	2.67	4.60	3.00	4.80
	稳定性	3.93	4.33	3.93	2.47	4.60	3.13	4.93
经济效益	投资成本	3.00	3.33	2.80	2.73	4.60	3.07	4.87
	运行成本	3.07	3.67	2.80	2.93	4.53	3.00	4.87
污染控制	废气治理效果	4.07	4.13	3.40	2.20	4.73	3.13	4.93

将表 4-12 中的权重值乘以表 5-12、表 5-13 中对应的分值，得到每个技术的综合得分，见表 5-14、表 5-15。

表 5-14　废水厌氧处理技术技术综合评估表

评估指标 \ 打分值		水解酸化	UASB	IC	EGSB
工艺技术	先进性	0.287 2	0.449 5	0.299 7	0.293 4
	成熟性	0.760 6	0.941 1	0.928 2	0.928 2
	稳定性	0.565 1	0.889 8	0.877 8	0.685 4
经济效益	投资成本	0.309 5	0.471 3	0.436 1	0.393 9
	运行成本	0.276 7	0.469 8	0.456 9	0.392 6
污染控制	废气治理效果	1.035 8	1.586 8	1.564 8	1.476 6
技术综合得分		3.234 9	4.808 2	4.563 4	4.170 0

表 5-15 废水好氧处理技术技术综合评估表

评估指标 \ 打分值		A/O	SBR 及其变形技术	氧化沟	深井曝气	MBR	生物接触氧化	兼氧生物膜法
工艺技术	先进性	0.393 3	0.405 8	0.299 7	0.218 5	0.468 2	0.249 7	0.468 2
	成熟性	0.902 4	0.915 3	0.657 5	0.515 7	0.889 5	0.580 1	0.928 2
	稳定性	0.709 4	0.781 6	0.709 4	0.444 9	0.829 6	0.565 1	0.889 8
经济效益	投资成本	0.316 5	0.351 7	0.295 4	0.288 4	0.485 3	0.323 6	0.513 5
	运行成本	0.296 0	0.353 9	0.270 3	0.283 2	0.437 2	0.289 6	0.469 8
污染控制	废气治理效果	1.344 4	1.366 4	1.124 0	0.727 3	1.563 6	1.035 8	1.630 9
技术综合得分		3.962 1	4.174 7	3.356 2	2.477 9	4.673 7	3.043 9	4.900 3

由表 5-14 可以看出，啤酒企业最好的厌氧处理技术为 UASB 技术，是目前啤酒企业普遍采用的厌氧处理技术，其它技术如水解酸化技术适宜于处理低浓度有机废水，对浓度较高的废水处理效果较差；而 IC、EGSB 适宜于处理高浓度有机废水，对于 COD 浓度在 1 500～2 000 mg/L 的啤酒废水来讲，有些资源浪费。

好氧技术中最适宜啤酒废水处理的是兼氧生物膜法，其次对于一些追求高效率的大型企业也可采用 MBR 技术，其它好氧处理技术从污染物削减率方面来讲，其效果都低于上述两个技术。

5.2.3.3 废水深度处理技术

根据调研结果发现，啤酒企业很少采用废水的深度处理技术，但由于新的啤酒排放标准的发布，对总磷的排放提出了新的要求，今后除磷将成为啤酒企业末端处理较为重要的部分，因此本研究对现有深度处理技术包括混凝+气浮/沉淀、混凝+气浮+吸附/过滤、化学除磷、过滤+膜分离、投加高效生物酶和生物菌剂以及曝气生物滤池（BAF）进行评估，结果见表 5-16，这些技术专家打分情况见附件 2 中表 2.36～表 2.41。

表 5-16 废水深度处理技术专家打分平均值表

评估指标 \ 打分值		混凝+气浮/沉淀	混凝+气浮+吸附/过滤	化学除磷	过滤+膜分离	投加高效生物酶和生物菌剂	曝气生物滤池
工艺技术	先进性	2.13	3.00	4.60	4.80	1.93	2.07
	成熟性	2.87	3.13	4.73	4.73	2.67	4.80
	稳定性	3.73	3.67	4.53	5.00	2.67	4.87
经济效益	投资成本	2.53	3.07	4.20	4.60	1.93	4.07
	运行成本	2.87	3.27	4.33	4.60	2.00	3.87
污染控制	废气治理效果	2.00	3.07	3.47	4.27	2.00	3.27
	综合利用率	2.53	3.07	4.60	4.80	1.93	4.80

将表 4-13 中的权重值乘以表 5-16 中对应的分值，得到每个技术的综合得分，见表 5-17。

表 5-17　废水深度处理技术技术综合评估表

评估指标 \ 打分值		混凝+气浮/沉淀	混凝+气浮+吸附/过滤	化学除磷	过滤+膜分离	投加高效生物酶和生物菌剂	曝气生物滤池
工艺技术	先进性	0.190 6	0.268 1	0.411 0	0.428 9	0.172 8	0.184 7
	成熟性	0.578 9	0.632 7	0.955 8	0.955 8	0.538 5	0.969 3
	稳定性	0.709 2	0.696 5	0.861 1	0.949 8	0.506 5	0.924 4
经济效益	投资成本	0.229 0	0.277 2	0.379 6	0.415 8	0.174 7	0.367 6
	运行成本	0.243 9	0.278 0	0.368 7	0.391 4	0.170 2	0.329 0
污染控制	废气治理效果	0.367 0	0.562 7	0.636 1	0.782 9	0.367 0	0.599 4
	综合利用率	0.404 8	0.490 0	0.735 0	0.767 0	0.308 9	0.767 0
技术综合得分		2.723 3	3.205 2	4.347 5	4.691 6	2.238 6	4.141 4

从评估结果来讲，最好的废水深度处理技术是过滤+膜分离技术，利用该技术处理的水可全部回收利用，实现企业废水的零排放，天津金威啤酒集团就采用该技术进行废水的深度处理；其次化学除磷技术是降低处理后废水的总磷含量的有效方法，其它技术如 BAF 由于投资费用比较高、投加高效生物酶和生物菌剂对添加物要求严格，混凝+气浮/沉淀和混凝+气浮+吸附/过滤处理效果不如前几个技术好等原因，所以不是最佳的处理技术。

5.2.3.4 恶臭污染治理最佳可行技术评估

啤酒企业常用除臭工艺包括：吸附法、高级氧化法（臭氧氧化或光催化氧化）、化学法（碱吸收）、生物法（生物吸附或生物过滤），对这四种技术进行评估见表 5-18，这些技术专家打分情况见附件 2 中表 2.42～表 2.45。

表 5-18　恶臭治理技术专家打分平均值表

评估指标 \ 打分值		生物法	化学法	高级氧化法	吸附法
工艺技术	先进性	4.60	4.80	3.73	2.47
	成熟性	4.67	4.33	3.00	3.13
	稳定性	4.73	4.00	3.20	3.47
经济效益	投资成本	4.07	3.27	3.40	2.93
	运行成本	3.87	3.87	3.73	3.60
污染控制	废气治理效果	4.73	3.80	3.13	2.67
	综合利用率	4.67	4.87	3.47	2.27

将表 4-14 中的权重值乘以表 5-18 中对应的分值，得到每个技术的综合得分，见表 5-19。

经过评估，发现生物法和高级氧化法都是除臭最佳技术，但高级氧化法在啤酒企业应用非常少。

表 5-19 恶臭治理技术技术综合评估表

评估指标 \ 综合得分		生物法	化学法	高级氧化法	吸附法
工艺技术	先进性	0.369 6	0.385 6	0.299 9	0.198 2
	成熟性	0.980 6	0.910 5	0.630 4	0.658 4
	稳定性	0.902 0	0.762 3	0.609 8	0.660 6
经济效益	投资成本	0.374 4	0.300 7	0.313 0	0.270 0
	运行成本	0.318 5	0.318 5	0.307 5	0.296 5
污染治理	废气治理效果	0.833 6	0.669 2	0.551 8	0.469 6
	综合利用率	0.786 1	0.819 8	0.583 9	0.381 8
技术综合得分		4.564 6	4.166 6	3.296 3	2.935 2

吸附法管理简便、可回收所吸附的有用物质、吸附无选择性、负荷变化影响小，但是只是恶臭物质富集转移，而非根治的方法。

化学法较少用于啤酒生产企业的恶臭处理，因可能造成二次污染，不推荐作为啤酒企业除臭的方法。

5.2.3.5 污泥无害化处理处置最佳可行技术评估

污泥处理包括污泥浓缩、污泥脱水、污泥处置等处理单元。污泥浓缩宜采用浓缩池工艺，也可以采用机械浓缩工艺。污泥脱水可根据污泥产生量选用离心机、板框压滤机或带式压榨过滤机，对这些技术的评估结果见表 5-20、表 5-21，这些技术专家打分情况见附件 2 中表 2.46～表 2.51。

表 5-20 污泥浓缩技术专家打分平均值表

评估指标 \ 打分值		浓缩机	浓缩池
工艺技术	先进性	4.20	4.33
	成熟性	4.33	3.47
	稳定性	4.73	3.73
经济效益	投资成本	4.67	3.80
	运行成本	4.80	3.73
污染控制	固废治理效果	4.80	3.00

表 5-21 污泥脱水技术专家打分平均值表

评估指标 \ 打分值		带式	离心	板框	真空
工艺技术	先进性	4.67	2.53	3.47	4.53
	成熟性	4.80	3.60	3.60	4.13
	稳定性	4.80	2.60	3.80	4.20
经济效益	投资成本	4.60	3.73	3.60	3.60
	运行成本	4.60	3.33	4.20	3.86
污染控制	固废治理效果	4.87	3.67	4.33	3.47

将表 4-15 中的权重值乘以表 5-20、表 5-21 中对应的分值，得到每个技术的综合得分，见表 5-22、表 5-23。

表 5-22　污泥浓缩技术综合评估表

评估指标 \ 打分值		浓缩机	浓缩池
工艺技术	先进性	0.384 4	0.396 6
	成熟性	0.846 5	0.677 2
	稳定性	0.918 4	0.724 4
经济效益	投资成本	0.420 2	0.342 2
	运行成本	0.416 0	0.323 6
污染控制	固废治理效果	1.643 4	1.027 1
技术综合得分		4.629 0	3.491 1

表 5-23　污泥脱水技术综合评估表

评估指标 \ 打分值		带式	离心	板框	真空
工艺技术	先进性	0.427 1	0.231 9	0.317 6	0.414 9
	成熟性	0.937 7	0.703 2	0.703 2	0.807 4
	稳定性	0.931 3	0.504 5	0.737 3	0.814 9
经济效益	投资成本	0.414 2	0.336 2	0.324 2	0.324 2
	运行成本	0.398 7	0.288 9	0.364 0	0.334 3
污染控制	固废治理效果	1.666 3	1.255 4	1.482 5	1.186 9
技术综合得分		4.775 3	3.320 1	3.928 8	3.882 7

两种浓缩方法相比，浓缩池技术浓缩效果一般，而且会产生臭气，因此啤酒企业很少使用，建议推广使用浓缩机浓缩技术。而污泥脱水技术推荐使用带式过滤机进行脱水，板框压滤机生产率较低，真空过滤的泥饼含水率高，离心法对污泥预处理的要求较高，所以都不是最佳的处理方法。

5.3 构建啤酒制造业污染防治最佳可行技术

根据评估结果，将不同生产过程中的最佳技术组合起来，形成啤酒制造业污染防治最佳工艺流程，如图 5-1 所示。

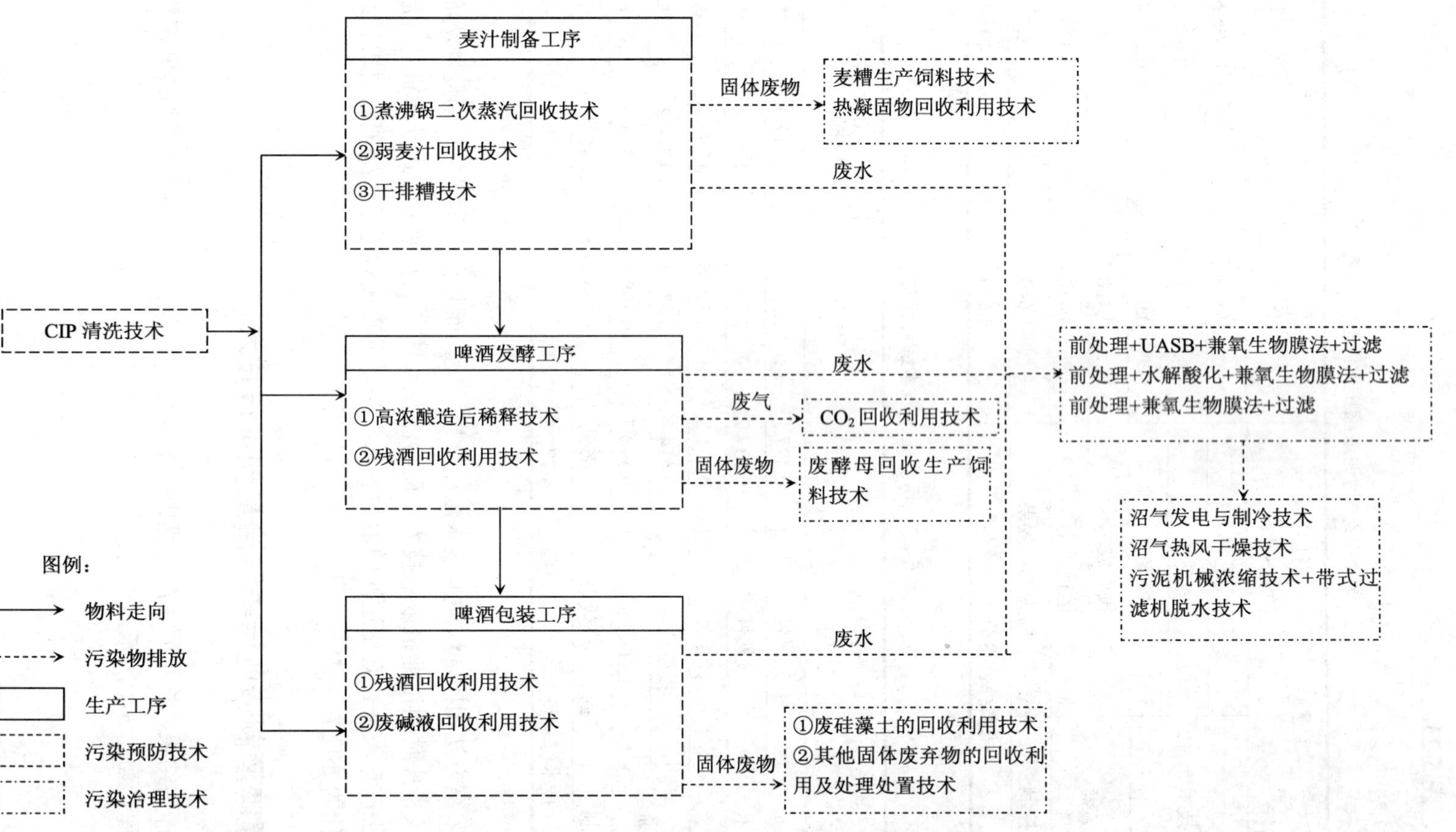

图 5-1　啤酒工业污染防治最佳可行技术组合

附件 1　评估指标权重

（1）节水减排技术指标权重见表 1.1～表 1.4。

表 1.1　根据 15 名专家赋值计算得到的二级指标权重

专家＼指标	工艺技术	经济效益	资源能源消耗	污染控制
1	0.375 00	0.125 00	0.208 33	0.291 67
2	0.383 33	0.291 67	0.138 89	0.186 11
3	0.378 97	0.107 14	0.263 89	0.250 00
4	0.413 69	0.131 94	0.162 70	0.291 67
5	0.404 17	0.181 94	0.227 78	0.186 11
6	0.355 56	0.172 22	0.194 44	0.277 78
7	0.388 89	0.090 28	0.222 22	0.298 61
8	0.375 00	0.125 00	0.208 33	0.291 67
9	0.180 56	0.215 28	0.187 50	0.416 67
10	0.375 00	0.134 92	0.194 44	0.295 63
11	0.424 34	0.079 63	0.198 81	0.297 22
12	0.409 72	0.065 28	0.190 48	0.334 52
13	0.383 33	0.080 95	0.191 47	0.344 25
14	0.409 72	0.077 98	0.226 19	0.286 11
15	0.333 33	0.102 78	0.355 56	0.208 33
平均权重	0.372 7	0.132 1	0.211 4	0.283 8

表 1.2　根据 15 名专家赋值计算得到的三个三级指标权重

专家＼指标	先进性	成熟性	稳定性
1	0.166 67	0.416 67	0.416 67
2	0.194 44	0.333 33	0.472 22
3	0.194 44	0.416 67	0.388 89
4	0.305 56	0.333 33	0.361 11
5	0.194 44	0.333 33	0.472 22
6	0.166 67	0.416 67	0.416 67
7	0.194 44	0.472 22	0.333 33
8	0.166 67	0.472 22	0.361 11
9	0.350 00	0.288 89	0.361 11
10	0.133 33	0.488 89	0.377 78

专家＼指标	先进性	成熟性	稳定性
11	0.194 44	0.444 44	0.361 11
12	0.150 00	0.361 11	0.488 89
13	0.150 00	0.322 22	0.527 78
14	0.194 44	0.500 00	0.305 56
15	0.166 67	0.535 71	0.297 62
平均权重	0.194 8	0.409 0	0.396 1

表 1.3　根据 15 名专家赋值计算得到的三个三级指标权重

专家＼指标	投资成本	运行成本	经济效益
1	0.305 56	0.222 22	0.472 22
2	0.316 67	0.194 44	0.488 89
3	0.288 89	0.277 78	0.433 33
4	0.516 67	0.333 33	0.150 00
5	0.269 84	0.277 78	0.452 38
6	0.333 33	0.194 44	0.472 22
7	0.316 67	0.375 00	0.308 33
8	0.305 56	0.177 78	0.516 67
9	0.333 33	0.277 78	0.388 89
10	0.250 00	0.250 00	0.500 00
11	0.305 56	0.277 78	0.416 67
12	0.250 00	0.277 78	0.472 22
13	0.305 56	0.222 22	0.472 22
14	0.316 67	0.166 67	0.516 67
15	0.305 56	0.277 78	0.416 67
平均权重	0.314 7	0.253 5	0.431 8

表 1.4　根据 15 名专家赋值计算得到的两个三级指标权重

专家＼指标	取水指标	能耗指标
1	0.750 00	0.250 00
2	0.857 14	0.142 86
3	0.750 00	0.250 00
4	0.666 67	0.333 33
5	0.800 00	0.200 00
6	0.500 00	0.500 00
7	0.750 00	0.250 00
8	0.800 00	0.200 00
9	0.166 67	0.833 33
10	0.800 00	0.200 00
11	0.875 00	0.125 00

专家 \ 指标	取水指标	能耗指标
12	0.750 00	0.250 00
13	0.666 67	0.333 33
14	0.800 00	0.200 00
15	0.875 00	0.125 00
平均权重	0.720 5	0.279 5

（2）废水污染减排技术指标权重见表 1.5～表 1.9。

表 1.5　根据 15 名专家赋值计算得到的二级指标权重

专家 \ 指标	工艺技术	经济效益	资源能源消耗	污染控制
1	0.409 72	0.095 83	0.194 44	0.300 00
2	0.397 22	0.277 78	0.138 89	0.186 11
3	0.401 19	0.121 03	0.250 00	0.227 78
4	0.427 58	0.131 94	0.148 81	0.291 67
5	0.404 17	0.187 50	0.222 22	0.186 11
6	0.383 33	0.158 33	0.166 67	0.291 67
7	0.375 00	0.104 17	0.194 44	0.326 39
8	0.375 00	0.125 00	0.208 33	0.291 67
9	0.180 56	0.218 25	0.187 50	0.413 69
10	0.383 33	0.090 48	0.216 67	0.309 52
11	0.413 69	0.077 98	0.198 81	0.309 52
12	0.418 06	0.067 13	0.190 48	0.324 34
13	0.405 56	0.098 81	0.173 61	0.322 02
14	0.409 72	0.077 98	0.253 97	0.258 33
15	0.375 00	0.088 89	0.313 89	0.222 22
平均权重	0.383 9	0.128 1	0.203 9	0.284 1

表 1.6　根据 15 名专家赋值计算得到的三个三级指标权重

专家 \ 指标	先进性	成熟性	稳定性
1	0.177 78	0.433 33	0.388 89
2	0.166 67	0.361 11	0.472 22
3	0.097 22	0.513 89	0.388 89
4	0.333 33	0.333 33	0.333 33
5	0.166 67	0.316 67	0.516 67
6	0.194 44	0.388 89	0.416 67
7	0.166 67	0.500 00	0.333 33
8	0.194 44	0.472 22	0.333 33
9	0.322 22	0.288 89	0.388 89
10	0.177 78	0.488 89	0.333 33

专家＼指标	先进性	成熟性	稳定性
11	0.138 89	0.544 44	0.316 67
12	0.125 00	0.316 67	0.558 33
13	0.177 78	0.277 78	0.544 44
14	0.472 22	0.350 00	0.177 78
15	0.138 89	0.563 49	0.297 62
平均权重	0.203 3	0.410 0	0.386 7

表 1.7　根据 15 名专家赋值计算得到的三个三级指标权重

专家＼指标	投资成本	运行成本	经济效益
1	0.288 89	0.194 44	0.516 67
2	0.288 89	0.177 78	0.533 33
3	0.222 22	0.277 78	0.500 00
4	0.527 78	0.305 56	0.166 67
5	0.325 40	0.277 78	0.396 83
6	0.305 56	0.194 44	0.500 00
7	0.344 44	0.341 27	0.314 29
8	0.277 78	0.194 44	0.527 78
9	0.377 78	0.233 33	0.388 89
10	0.305 56	0.177 78	0.516 67
11	0.388 89	0.277 78	0.333 33
12	0.361 11	0.138 89	0.500 00
13	0.361 11	0.122 22	0.516 67
14	0.305 56	0.130 95	0.563 49
15	0.316 67	0.250 00	0.433 33
平均权重	0.333 2	0.219 6	0.447 2

表 1.8　根据 15 名专家赋值计算得到的两个三级指标权重

专家＼指标	取水指标	能耗指标
1	0.750 00	0.250 00
2	0.750 00	0.250 00
3	0.875 00	0.125 00
4	0.857 14	0.142 86
5	0.666 67	0.333 33
6	0.500 00	0.500 00
7	0.800 00	0.200 00
8	0.750 00	0.250 00
9	0.142 86	0.857 14
10	0.833 33	0.166 67
11	0.875 00	0.125 00

专家＼指标	取水指标	能耗指标
12	0.666 67	0.333 33
13	0.833 33	0.166 67
14	0.750 00	0.250 00
15	0.200 00	0.800 00
平均权重	0.683 3	0.316 7

表 1.9 根据 15 名专家赋值计算得到的两个三级指标权重

专家＼指标	废水控制效果	固废控制效果
1	0.833 33	0.166 67
2	0.333 33	0.666 67
3	0.800 00	0.200 00
4	0.800 00	0.200 00
5	0.857 14	0.142 86
6	0.750 00	0.250 00
7	0.750 00	0.250 00
8	0.875 00	0.125 00
9	0.800 00	0.200 00
10	0.875 00	0.125 00
11	0.800 00	0.200 00
12	0.833 33	0.166 67
13	0.750 00	0.250 00
14	0.111 11	0.888 89
15	0.750 00	0.250 00
平均权重	0.727 9	0.272 1

（3）固废污染减排技术指标权重见表 1.10～表 1.13。

表 1.10 根据 15 名专家赋值计算得到的二级指标权重

专家＼指标	工艺技术	经济效益	资源能源消耗	污染控制
1	0.388 89	0.111 11	0.222 22	0.277 78
2	0.397 22	0.277 78	0.138 89	0.186 11
3	0.392 86	0.121 03	0.236 11	0.250 00
4	0.424 60	0.140 48	0.148 81	0.286 11
5	0.418 06	0.187 50	0.194 44	0.200 00
6	0.401 19	0.144 44	0.166 67	0.287 70
7	0.355 56	0.109 72	0.208 33	0.326 39
8	0.341 67	0.222 22	0.200 00	0.236 11
9	0.125 00	0.241 67	0.222 22	0.411 11
10	0.415 08	0.075 40	0.222 22	0.287 30

专家＼指标	工艺技术	经济效益	资源能源消耗	污染控制
11	0.431 55	0.077 98	0.184 92	0.305 56
12	0.422 02	0.067 13	0.200 00	0.310 85
13	0.415 08	0.084 92	0.187 50	0.312 50
14	0.413 69	0.072 42	0.250 00	0.263 89
15	0.402 78	0.074 07	0.300 93	0.222 22
平均权重	0.383 0	0.133 9	0.205 6	0.277 6

表 1.11　根据 15 名专家赋值计算得到的三个三级指标权重

专家＼指标	先进性	成熟性	稳定性
1	0.103 70	0.462 96	0.433 33
2	0.150 00	0.350 00	0.500 00
3	0.111 11	0.527 78	0.361 11
4	0.322 22	0.388 89	0.288 89
5	0.194 44	0.277 78	0.527 78
6	0.194 44	0.388 89	0.416 67
7	0.097 22	0.527 78	0.375 00
8	0.166 67	0.416 67	0.416 67
9	0.287 04	0.305 56	0.407 41
10	0.166 67	0.516 67	0.316 67
11	0.194 44	0.444 44	0.361 11
12	0.148 15	0.277 78	0.574 07
13	0.166 67	0.277 78	0.555 56
14	0.388 89	0.433 33	0.177 78
15	0.122 22	0.544 44	0.333 33
平均权重	0.187 6	0.409 4	0.403 0

表 1.12　根据 15 名专家赋值计算得到的三个三级指标权重

专家＼指标	投资成本	运行成本	经济效益
1	0.322 22	0.122 22	0.555 56
2	0.361 11	0.097 22	0.541 67
3	0.166 67	0.388 89	0.444 44
4	0.500 00	0.350 00	0.150 00
5	0.314 29	0.288 89	0.396 83
6	0.305 56	0.194 44	0.500 00
7	0.402 78	0.319 44	0.277 78
8	0.208 33	0.250 00	0.541 67
9	0.350 00	0.177 78	0.472 22
10	0.314 29	0.133 33	0.552 38
11	0.341 27	0.269 84	0.388 89

专家 \ 指标	投资成本	运行成本	经济效益
12	0.350 00	0.150 00	0.500 00
13	0.344 44	0.103 17	0.552 38
14	0.283 33	0.120 37	0.596 30
15	0.333 33	0.194 44	0.472 22
平均权重	0.326 5	0.210 7	0.462 8

表 1.13 根据 15 名专家赋值计算得到的三个三级指标权重

专家 \ 指标	废水控制效果	固废控制效果	资源利用率
1	0.527 78	0.305 56	0.166 67
2	0.544 44	0.288 89	0.166 67
3	0.488 89	0.333 33	0.177 78
4	0.500 00	0.194 44	0.305 56
5	0.333 33	0.305 56	0.361 11
6	0.569 44	0.333 33	0.097 22
7	0.500 00	0.407 41	0.092 59
8	0.552 38	0.344 44	0.103 17
9	0.516 67	0.361 11	0.122 22
10	0.535 71	0.314 29	0.150 00
11	0.500 00	0.333 33	0.166 67
12	0.516 67	0.361 11	0.122 22
13	0.433 33	0.416 67	0.150 00
14	0.500 00	0.322 22	0.177 78
15	0.563 49	0.166 67	0.269 84
平均权重	0.505 5	0.319 2	0.175 3

由于资源能源消耗中三级指标只有能耗指标一个指标，因此其对应的权向量就为 1。

（4）废气污染减排技术指标权重见表 1.14～表 1.16。

表 1.14 根据 15 名专家赋值计算得到的二级指标权重

专家 \ 指标	工艺技术	经济效益	资源能源消耗	污染控制
1	0.378 97	0.107 14	0.236 11	0.277 78
2	0.418 06	0.187 50	0.194 44	0.200 00
3	0.401 19	0.121 03	0.191 67	0.286 11
4	0.392 86	0.200 00	0.107 14	0.300 00
5	0.397 22	0.277 78	0.138 89	0.186 11
6	0.392 86	0.138 89	0.180 56	0.287 70
7	0.375 00	0.111 11	0.186 11	0.327 78
8	0.334 72	0.208 33	0.200 00	0.256 94
9	0.125 00	0.250 00	0.241 67	0.383 33

专家＼指标	工艺技术	经济效益	资源能源消耗	污染控制
10	0.418 06	0.116 67	0.222 22	0.243 06
11	0.399 80	0.077 98	0.244 44	0.277 78
12	0.404 17	0.094 44	0.175 00	0.326 39
13	0.415 08	0.075 40	0.193 06	0.316 47
14	0.409 72	0.100 20	0.253 97	0.236 11
15	0.412 04	0.088 89	0.286 11	0.212 96
平均权重	0.378 3	0.143 7	0.203 4	0.274 6

表 1.15 根据 15 名专家赋值计算得到的三个三级指标权重

专家＼指标	先进性	成熟性	稳定性
1	0.194 4	0.472 2	0.333 3
2	0.166 7	0.472 2	0.361 1
3	0.138 9	0.444 4	0.416 7
4	0.177 8	0.472 2	0.350 0
5	0.233 3	0.488 9	0.277 8
6	0.194 4	0.416 7	0.388 9
7	0.166 7	0.500 0	0.333 3
8	0.194 4	0.416 7	0.388 9
9	0.194 4	0.472 2	0.333 3
10	0.233 3	0.516 7	0.250 0
11	0.233 3	0.488 9	0.277 8
12	0.233 3	0.388 9	0.377 8
13	0.277 8	0.333 3	0.388 9
14	0.166 7	0.416 7	0.416 7
15	0.138 9	0.500 0	0.361 1
平均权重	0.196 3	0.453 3	0.350 4

表 1.16 根据 15 名专家赋值计算得到的三个三级指标权重

专家＼指标	投资成本	运行成本	经济效益
1	0.361 1	0.333 3	0.305 6
2	0.305 6	0.361 1	0.333 3
3	0.305 6	0.361 1	0.333 3
4	0.388 9	0.333 3	0.277 8
5	0.333 3	0.377 8	0.288 9
6	0.377 8	0.288 9	0.333 3
7	0.361 1	0.222 2	0.416 7
8	0.333 3	0.388 9	0.277 8
9	0.388 9	0.361 1	0.250 0
10	0.250 0	0.416 7	0.333 3

专家 \ 指标	投资成本	运行成本	经济效益
11	0.316 7	0.305 6	0.377 8
12	0.333 3	0.377 8	0.288 9
13	0.350 0	0.288 9	0.361 1
14	0.333 3	0.250 0	0.416 7
15	0.388 9	0.377 8	0.233 3
平均权重	0.341 9	0.336 3	0.321 9

由于资源能源消耗和污染控制中三级指标分别只有能耗指标和废气防治效果一个指标，因此其对应的权向量为 1。

（5）综合废水的预处理技术指标权重见表 1.17～表 1.20。

表 1.17 根据 15 名专家赋值计算得到的二级指标权重

专家 \ 指标	工艺技术	经济效益	污染控制
1	0.535 71	0.130 95	0.333 33
2	0.500 00	0.122 22	0.377 78
3	0.488 89	0.150 00	0.361 11
4	0.552 38	0.103 17	0.344 44
5	0.361 11	0.316 67	0.322 22
6	0.500 00	0.150 00	0.350 00
7	0.488 89	0.150 00	0.361 11
8	0.569 44	0.108 33	0.322 22
9	0.325 40	0.352 38	0.322 22
10	0.316 67	0.305 56	0.377 78
11	0.552 38	0.130 95	0.316 67
12	0.472 22	0.194 44	0.333 33
13	0.500 00	0.222 22	0.277 78
14	0.552 38	0.269 84	0.177 78
15	0.507 94	0.194 44	0.297 62
平均权重	0.481 6	0.193 4	0.325 0

表 1.18 根据 15 名专家赋值计算得到的三个三级指标权重

专家 \ 指标	先进性	成熟性	稳定性
1	0.150 00	0.472 22	0.377 78
2	0.194 44	0.388 89	0.416 67
3	0.138 89	0.472 22	0.388 89
4	0.250 00	0.361 11	0.388 89
5	0.194 44	0.288 89	0.516 67
6	0.150 00	0.361 11	0.488 89
7	0.177 78	0.444 44	0.377 78

专家＼指标	先进性	成熟性	稳定性
8	0.150 00	0.516 67	0.333 33
9	0.250 00	0.433 33	0.316 67
10	0.177 78	0.488 89	0.333 33
11	0.222 22	0.388 89	0.388 89
12	0.125 00	0.361 11	0.513 89
13	0.150 00	0.322 22	0.527 78
14	0.138 89	0.416 67	0.444 44
15	0.166 67	0.535 71	0.297 62
平均权重	0.175 7	0.416 8	0.407 4

表 1.19　根据 15 名专家赋值计算得到的两个三级指标权重

专家＼指标	投资成本	运行成本
1	0.800 00	0.200 00
2	0.750 00	0.250 00
3	0.142 86	0.857 14
4	0.833 33	0.166 67
5	0.333 33	0.666 67
6	0.666 67	0.333 33
7	0.166 67	0.833 33
8	0.800 00	0.200 00
9	0.142 86	0.857 14
10	0.125 00	0.875 00
11	0.750 00	0.250 00
12	0.833 33	0.166 67
13	0.142 86	0.857 14
14	0.750 00	0.250 00
15	0.666 67	0.333 33
平均权重	0.526 9	0.473 1

表 1.20　根据 15 名专家赋值计算得到的两个三级指标权重

专家＼指标	废水处理效果	废物综合利用率
1	0.666 67	0.333 33
2	0.750 00	0.250 00
3	0.333 33	0.666 67
4	0.666 67	0.333 33
5	0.250 00	0.750 00
6	0.500 00	0.500 00
7	0.666 67	0.333 33
8	0.800 00	0.200 00

专家＼指标	废水处理效果	废物综合利用率
9	0.166 67	0.833 33
10	0.250 00	0.750 00
11	0.166 67	0.833 33
12	0.750 00	0.250 00
13	0.666 67	0.333 33
14	0.333 33	0.666 67
15	0.750 00	0.250 00
平均权重	0.514 4	0.485 6

（6）综合废水的生物处理技术指标权重见表 1.21～表 1.23。

表 1.21 根据 15 名专家赋值计算得到的二级指标权重

专家＼指标	工艺技术	经济效益	污染控制
1	0.527 78	0.122 22	0.350 00
2	0.507 94	0.103 17	0.388 89
3	0.416 67	0.194 44	0.388 89
4	0.544 44	0.138 89	0.316 67
5	0.352 38	0.322 22	0.325 40
6	0.527 78	0.150 00	0.322 22
7	0.433 33	0.177 78	0.388 89
8	0.577 38	0.097 22	0.325 40
9	0.297 62	0.396 83	0.305 56
10	0.314 29	0.316 67	0.369 05
11	0.544 44	0.138 89	0.316 67
12	0.388 89	0.177 78	0.433 33
13	0.544 44	0.222 22	0.233 33
14	0.544 44	0.277 78	0.177 78
15	0.488 89	0.194 44	0.316 67
平均权重	0.467 4	0.202 0	0.330 6

表 1.22 根据 15 名专家赋值计算得到的三个三级指标权重

专家＼指标	先进性	成熟性	稳定性
1	0.194 44	0.416 67	0.388 89
2	0.150 00	0.361 11	0.488 89
3	0.152 78	0.513 89	0.333 33
4	0.305 56	0.361 11	0.333 33
5	0.166 67	0.297 62	0.535 71
6	0.150 00	0.377 78	0.472 22
7	0.097 22	0.541 67	0.361 11

专家＼指标	先进性	成熟性	稳定性
8	0.138 89	0.527 78	0.333 33
9	0.277 78	0.333 33	0.388 89
10	0.233 33	0.433 33	0.333 33
11	0.138 89	0.569 44	0.291 67
12	0.138 89	0.316 67	0.544 44
13	0.150 00	0.305 56	0.544 44
14	0.516 67	0.361 11	0.122 22
15	0.194 44	0.488 89	0.316 67
平均权重	0.200 4	0.413 7	0.385 9

表 1.23　根据 15 名专家赋值计算得到的两个三级指标权重

专家＼指标	投资成本	运行成本
1	0.750 00	0.250 00
2	0.800 00	0.200 00
3	0.250 00	0.750 00
4	0.750 00	0.250 00
5	0.200 00	0.800 00
6	0.666 67	0.333 33
7	0.800 00	0.200 00
8	0.666 67	0.333 33
9	0.250 00	0.750 00
10	0.200 00	0.800 00
11	0.166 67	0.833 33
12	0.750 00	0.250 00
13	0.500 00	0.500 00
14	0.333 33	0.666 67
15	0.750 00	0.250 00
平均权重	0.522 2	0.477 8

由于污染治理中三级指标只有废水控制效果一个指标，因此其对应的权向量为 1。

（7）综合废水的深度处理技术指标权重见表 1.24～表 1.27。

表 1.24　根据 15 名专家赋值计算得到的二级指标权重

专家＼指标	工艺技术	经济效益	污染控制
1	0.500 00	0.122 22	0.377 78
2	0.516 67	0.133 33	0.350 00
3	0.500 00	0.194 44	0.305 56
4	0.569 44	0.089 29	0.341 27

专家＼指标	工艺技术	经济效益	污染控制
5	0.361 11	0.277 78	0.361 11
6	0.488 89	0.122 22	0.388 89
7	0.507 94	0.114 29	0.377 78
8	0.541 67	0.152 78	0.305 56
9	0.344 44	0.314 29	0.341 27
10	0.344 44	0.305 56	0.350 00
11	0.516 67	0.122 22	0.361 11
12	0.433 33	0.150 00	0.416 67
13	0.500 00	0.250 00	0.250 00
14	0.535 71	0.158 73	0.305 56
15	0.558 33	0.125 00	0.316 67
平均权重	0.481 2	0.175 5	0.343 3

表 1.25　根据 15 名专家赋值计算得到的三个三级指标权重

专家＼指标	先进性	成熟性	稳定性
1	0.108 33	0.402 78	0.488 89
2	0.138 89	0.444 44	0.416 67
3	0.122 22	0.527 78	0.350 00
4	0.277 78	0.361 11	0.361 11
5	0.194 44	0.333 33	0.472 22
6	0.194 44	0.277 78	0.527 78
7	0.097 22	0.544 44	0.358 33
8	0.138 89	0.500 00	0.361 11
9	0.287 04	0.369 05	0.343 92
10	0.194 44	0.488 89	0.316 67
11	0.194 44	0.444 44	0.361 11
12	0.148 15	0.333 33	0.518 52
13	0.122 22	0.322 22	0.555 56
14	0.444 44	0.388 89	0.166 67
15	0.122 22	0.555 56	0.322 22
平均权重	0.185 7	0.419 6	0.394 7

表 1.26　根据 15 名专家赋值计算得到的两个三级指标权重

专家＼指标	投资成本	运行成本
1	0.750 00	0.250 00
2	0.800 00	0.200 00
3	0.125 00	0.875 00
4	0.666 67	0.333 33
5	0.166 67	0.833 33

专家 \ 指标	投资成本	运行成本
6	0.750 00	0.250 00
7	0.142 86	0.857 14
8	0.666 67	0.333 33
9	0.333 33	0.666 67
10	0.200 00	0.800 00
11	0.833 33	0.166 67
12	0.666 67	0.333 33
13	0.125 00	0.875 00
14	0.666 67	0.333 33
15	0.833 33	0.166 67
平均权重	0.515 1	0.484 9

表 1.27 根据 15 名专家赋值计算得到的两个三级指标权重

专家 \ 指标	废水处理效果	综合利用率
1	0.800 00	0.200 00
2	0.666 67	0.333 33
3	0.200 00	0.800 00
4	0.750 00	0.250 00
5	0.250 00	0.750 00
6	0.833 33	0.166 67
7	0.800 00	0.200 00
8	0.666 67	0.333 33
9	0.142 86	0.857 14
10	0.333 33	0.666 67
11	0.166 67	0.833 33
12	0.875 00	0.125 00
13	0.500 00	0.500 00
14	0.200 00	0.800 00
15	0.833 33	0.166 67
平均权重	0.534 5	0.465 5

（8）恶臭污染防治技术指标权重见表 1.28～表 1.31。

表 1.28 根据 15 名专家赋值计算得到的二级指标权重

专家 \ 指标	工艺技术	经济效益	污染控制
1	0.516 67	0.122 22	0.361 11
2	0.527 78	0.122 22	0.350 00
3	0.472 22	0.166 67	0.361 11
4	0.552 38	0.095 24	0.352 38

专家＼指标	工艺技术	经济效益	污染控制
5	0.316 67	0.333 33	0.350 00
6	0.527 78	0.111 11	0.361 11
7	0.535 71	0.130 95	0.333 33
8	0.544 44	0.166 67	0.288 89
9	0.361 11	0.269 84	0.369 05
10	0.333 33	0.344 44	0.322 22
11	0.488 89	0.114 29	0.396 83
12	0.444 44	0.122 22	0.433 33
13	0.527 78	0.250 00	0.222 22
14	0.513 89	0.152 78	0.333 33
15	0.552 38	0.114 29	0.333 33
平均权重	0.481 0	0.174 4	0.344 6

表 1.29 根据 15 名专家赋值计算得到的三个三级指标权重

专家＼指标	先进性	成熟性	稳定性
1	0.103 17	0.500 00	0.396 83
2	0.097 22	0.500 00	0.402 78
3	0.158 73	0.277 78	0.563 49
4	0.158 73	0.388 89	0.452 38
5	0.158 73	0.444 44	0.396 83
6	0.122 22	0.433 33	0.444 44
7	0.194 44	0.472 22	0.333 33
8	0.130 95	0.416 67	0.452 38
9	0.194 44	0.472 22	0.333 33
10	0.089 29	0.507 94	0.402 78
11	0.388 89	0.388 89	0.222 22
12	0.250 00	0.388 89	0.361 11
13	0.222 22	0.416 67	0.361 11
14	0.125 00	0.416 67	0.458 33
15	0.111 11	0.527 78	0.361 11
平均权重	0.167 0	0.436 8	0.396 2

表 1.30 根据 15 名专家赋值计算得到的两个三级指标权重

专家＼指标	投资成本	运行成本
1	0.833 33	0.166 67
2	0.750 00	0.250 00
3	0.142 86	0.857 14
4	0.666 67	0.333 33
5	0.125 00	0.875 00

专家＼指标	投资成本	运行成本
6	0.800 00	0.200 00
7	0.200 00	0.800 00
8	0.750 00	0.250 00
9	0.250 00	0.750 00
10	0.125 00	0.875 00
11	0.857 14	0.142 86
12	0.833 33	0.166 67
13	0.166 67	0.833 33
14	0.750 00	0.250 00
15	0.666 67	0.333 33
平均权重	0.527 8	0.472 2

表 1.31　根据 15 名专家赋值计算得到的两个三级指标权重

专家＼指标	废水处理效果	综合利用率
1	0.750 00	0.250 00
2	0.666 67	0.333 33
3	0.166 67	0.833 33
4	0.800 00	0.200 00
5	0.333 33	0.666 67
6	0.800 00	0.200 00
7	0.750 00	0.250 00
8	0.833 33	0.166 67
9	0.333 33	0.666 67
10	0.166 67	0.833 33
11	0.200 00	0.800 00
12	0.750 00	0.250 00
13	0.250 00	0.750 00
14	0.666 67	0.333 33
15	0.200 00	0.800 00
平均权重	0.511 1	0.488 9

（9）污泥的无害化处理处置技术指标权重见表 1.32～表 1.34。

表 1.32　根据 15 名专家赋值计算得到的二级指标权重

专家＼指标	工艺技术	经济效益	污染控制
1	0.527 78	0.150 00	0.322 22
2	0.527 78	0.138 89	0.333 33
3	0.516 67	0.177 78	0.305 56
4	0.472 22	0.130 95	0.396 83

专家\指标	工艺技术	经济效益	污染控制
5	0.350 00	0.305 56	0.344 44
6	0.541 67	0.097 22	0.361 11
7	0.500 00	0.138 89	0.361 11
8	0.541 67	0.152 78	0.305 56
9	0.361 11	0.277 78	0.361 11
10	0.305 56	0.333 33	0.361 11
11	0.544 44	0.177 78	0.277 78
12	0.444 44	0.122 22	0.433 33
13	0.472 22	0.194 44	0.333 33
14	0.544 44	0.138 89	0.316 67
15	0.563 49	0.114 29	0.322 22
平均权重	0.480 9	0.176 7	0.342 4

表 1.33 根据 15 名专家赋值计算得到的三个三级指标权重

专家\指标	先进性	实用性	可靠性
1	0.150 00	0.377 78	0.472 22
2	0.138 89	0.333 33	0.527 78
3	0.166 67	0.527 78	0.305 56
4	0.322 22	0.388 89	0.288 89
5	0.103 17	0.319 44	0.577 38
6	0.130 95	0.396 83	0.472 22
7	0.089 29	0.558 33	0.352 38
8	0.150 00	0.527 78	0.322 22
9	0.208 33	0.388 89	0.402 78
10	0.305 56	0.350 00	0.344 44
11	0.130 95	0.582 01	0.287 04
12	0.177 78	0.277 78	0.544 44
13	0.122 22	0.314 29	0.563 49
14	0.444 44	0.361 11	0.194 44
15	0.214 29	0.388 89	0.396 83
平均权重	0.190 3	0.406 2	0.403 5

表 1.34 根据 15 名专家赋值计算得到的三个三级指标权重

专家\指标	投资成本	运行成本
1	0.750 00	0.250 00
2	0.800 00	0.200 00
3	0.200 00	0.800 00
4	0.750 00	0.250 00
5	0.142 86	0.857 14

专家＼指标	投资成本	运行成本
6	0.857 14	0.142 86
7	0.666 67	0.333 33
8	0.666 67	0.333 33
9	0.111 11	0.888 89
10	0.166 67	0.833 33
11	0.125 00	0.875 00
12	0.800 00	0.200 00
13	0.250 00	0.750 00
14	0.500 00	0.500 00
15	0.857 14	0.142 86
平均权重	0.509 6	0.490 4

由于污染治理中三级指标只有固废控制效果一个指标，因此其对应的权向量为 1。

附件 2　专家技术打分表

（1）节水减排技术专家赋值见表 2.1～表 2.9。

表 2.1　15 名专家对 CIP 清洗技术的评估情况

指标 专家	工艺技术			经济效益			资源能源消耗		污染控制
	先进性	成熟性	稳定性	投资成本	运行成本	经济效益	取水指标	能耗指标	废水控制效果
1	5	5	4	3	3	5	4	4	5
2	5	5	5	3	4	4	4	3	5
3	5	4	5	2	3	5	5	2	5
4	5	5	5	3	3	5	5	3	5
5	5	5	4	3	3	5	5	3	4
6	5	5	5	4	4	4	5	3	5
7	5	5	5	3	3	5	5	4	5
8	4	5	5	3	3	5	4	3	5
9	5	4	5	3	4	5	5	2	5
10	5	5	5	3	3	4	5	3	5
11	5	5	5	3	3	5	5	4	5
12	5	5	5	4	4	5	5	3	5
13	4	5	5	2	3	5	5	3	5
14	5	4	5	4	2	4	5	2	5
15	5	5	5	3	3	5	4	3	5
平均	4.87	4.80	4.87	3.07	3.20	4.73	4.73	3.00	4.93

表 2.2　15 名专家对高浓酿造后稀释技术的评估情况

指标 专家	工艺技术			经济效益			资源能源消耗		污染控制
	先进性	成熟性	稳定性	投资成本	运行成本	经济效益	取水指标	能耗指标	废水控制效果
1	5	5	4	4	5	4	5	3	5
2	5	5	4	4	5	5	5	2	5
3	5	5	5	3	5	4	5	3	5
4	5	5	4	4	3	4	5	3	5
5	5	5	4	4	5	4	5	3	5
6	4	5	4	4	5	4	4	4	5
7	5	5	4	5	5	4	5	3	5
8	5	5	4	4	5	5	5	3	5
9	5	4	3	4	5	4	5	4	5
10	5	5	4	4	5	4	5	3	4

指标 专家	工艺技术			经济效益			资源能源消耗		污染控制
	先进性	成熟性	稳定性	投资成本	运行成本	经济效益	取水指标	能耗指标	废水控制效果
11	5	5	4	4	5	4	5	3	5
12	5	4	4	4	4	4	5	3	5
13	5	5	5	3	5	3	4	3	5
14	5	5	4	4	5	4	5	3	5
15	5	5	3	4	5	4	5	2	5
平均	4.93	4.87	4.00	3.93	4.80	4.07	4.87	3.00	4.93

表 2.3　15 名专家对最后一道清洗水的再利用技术的评估情况

指标 专家	工艺技术			经济效益			资源能源消耗		污染控制
	先进性	成熟性	稳定性	投资成本	运行成本	经济效益	取水指标	能耗指标	废水控制效果
1	3	5	5	4	4	1	2	4	3
2	3	4	5	5	4	2	2	4	3
3	3	5	5	4	4	2	3	4	3
4	4	5	5	4	4	2	2	3	4
5	3	5	5	4	4	3	2	4	3
6	2	5	5	4	5	2	2	4	3
7	3	5	5	4	4	2	2	4	3
8	3	5	5	4	4	2	2	3	3
9	3	5	5	4	4	3	2	4	3
10	3	5	5	4	3	2	1	4	3
11	3	5	5	4	4	2	2	4	3
12	3	5	5	4	4	2	2	5	4
13	2	5	5	4	3	3	3	4	3
14	3	5	5	4	4	2	2	4	2
15	3	5	5	4	4	2	2		3
平均	2.93	4.93	5.00	4.07	3.93	2.13	2.07	3.93	3.07

表 2.4　15 名专家对液位测量技术的评估情况

指标 专家	工艺技术			经济效益			资源能源消耗		污染控制
	先进性	成熟性	稳定性	投资成本	运行成本	经济效益	取水指标	能耗指标	废水控制效果
1	2	5	4	4	3	2	2	4	1
2	2	4	4	4	3	2	2	3	2
3	2	5	4	4	3	2	2	4	2
4	2	4	3	4	4	3	3	3	2
5	2	5	4	4	3	2	2	4	2
6	3	5	4	4	3	2	2	4	3
7	2	4	5	3	3	2	2	4	1
8	2	5	4	4	2	2	2	3	2
9	2	4	4	4	3	2	3	5	2
10	2	5	5	4	3	1	2	4	1
11	2	4	4	4	3	3	2	4	2

指标 专家	工艺技术			经济效益			资源能源消耗		污染控制
	先进性	成熟性	稳定性	投资成本	运行成本	经济效益	取水指标	能耗指标	废水控制效果
12	3	3	4	4	4	2	2	5	1
13	2	4	5	4	3	2	3	3	2
14	2	5	4	3	3	2	2	4	3
15	2	3	4	4	3	2	2	4	2
平均	2.13	4.33	4.13	3.87	3.07	2.07	2.20	3.87	1.87

表 2.5　15 名专家对流量测量技术的评估情况

指标 专家	工艺技术			经济效益			资源能源消耗		污染控制
	先进性	成熟性	稳定性	投资成本	运行成本	经济效益	取水指标	能耗指标	废水控制效果
1	2	5	4	4	3	2	2	5	2
2	2	5	4	3	4	2	3	5	2
3	3	4	4	4	3	2	2	4	2
4	2	5	5	4	3	1	2	5	2
5	2	4	4	4	4	2	2	4	1
6	2	5	4	4	3	2	2	5	2
7	2	5	4	3	3	2	2	5	2
8	2	5	4	4	3	2	3	4	2
9	2	5	4	4	3	2	2	5	2
10	2	5	4	4	3	1	2	5	2
11	3	4	3	5	4	2	2	4	2
12	2	5	4	4	3	2	2	5	2
13	2	5	4	4	3	2	2	4	2
14	2	4	4	3	3	3	2	3	2
15	2	5	5	4	3	2	2	5	2
平均	2.13	4.73	4.07	3.87	3.20	1.93	2.13	4.53	1.93

表 2.6　15 名专家对再生水的回用技术的评估情况

指标 专家	工艺技术			经济效益			资源能源消耗		污染控制
	先进性	成熟性	稳定性	投资成本	运行成本	经济效益	取水指标	能耗指标	废水控制效果
1	5	4	4	3	4	2	3	3	3
2	5	4	4	3	4	2	3	3	2
3	5	4	4	3	3	2	2	3	3
4	4	3	3	3	4	1	3	2	3
5	5	4	4	4	4	2	3	3	3
6	5	4	4	3	4	2	3	3	3
7	5	4	4	3	4	3	3	3	2
8	5	4	4	3	4	2	3	3	3
9	5	4	4	3	3	2	2	4	3
10	5	5	5	3	4	2	3	3	3
11	5	4	4	3	4	1	3	3	3
12	4	3	4	4	4	2	3	3	3
13	5	4	4	3	3	1	4	3	3
14	5	4	3	3	4	2	3	4	2
15	5	4	4	3	4	2	3	3	3
平均	4.87	3.93	3.93	3.13	3.79	1.87	2.93	3.07	2.80

表 2.7　15 名专家对巴氏杀菌水的再利用技术的评估情况

指标 / 专家	工艺技术			经济效益			资源能源消耗		污染控制
	先进性	成熟性	稳定性	投资成本	运行成本	经济效益	取水指标	能耗指标	废水控制效果
1	3	4	4	4	5	1	3	4	3
2	3	4	4	4	5	2	3	3	3
3	4	4	4	4	5	2	2	3	3
4	3	5	4	3	5	1	3	3	2
5	3	4	5	4	5	2	3	2	3
6	3	4	4	4	5	2	3	3	3
7	3	4	4	5	5	2	3	3	3
8	3	4	4	4	4	2	3	4	3
9	3	4	4	4	5	2	4	3	3
10	4	5	5	3	3	3	3	3	3
11	3	5	4	4	5	2	4	3	2
12	3	4	4	4	5	2	3	3	3
13	3	4	4	3	5	2	3	3	3
14	3	4	4	4	5	2	3	3	2
15	3	4	4	4	5	2	3	4	3
平均	3.13	4.20	4.13	3.87	4.80	1.93	3.07	3.13	2.80

表 2.8　15 名专家对麦汁煮沸过程中二次蒸汽回收利用技术的评估情况

指标 / 专家	工艺技术			经济效益			资源能源消耗		污染控制
	先进性	成熟性	稳定性	投资成本	运行成本	经济效益	取水指标	能耗指标	废水控制效果
1	5	4	4	2	3	4	3	3	5
2	4	4	4	3	4	4	3	3	4
3	5	4	3	3	4	3	2	4	5
4	5	5	4	4	3	4	3	3	5
5	5	4	4	3	4	4	3	3	5
6	5	4	4	3	3	5	3	2	5
7	5	5	4	3	3	4	3	3	5
8	5	4	3	4	3	4	3	4	5
9	4	4	4	3	4	5	4	3	4
10	5	4	4	3	2	4	3	3	5
11	5	3	4	3	3	4	4	3	5
12	5	4	3	2	2	3	3	3	5
13	4	4	4	3	3	4	3	2	5
14	5	5	4	4	4	5	3	3	5
15	5	4	5	3	2	4	3	4	5
平均	4.80	4.13	3.87	3.07	3.13	4.07	3.07	3.07	4.87

表 2.9　15 名专家对冷凝水回收利用技术的评估情况

专家＼指标	工艺技术			经济效益			资源能源消耗		污染控制
	先进性	成熟性	稳定性	投资成本	运行成本	经济效益	取水指标	能耗指标	废水控制效果
1	3	4	4	4	5	3	4	4	3
2	3	4	4	4	5	4	3	3	5
3	4	4	5	4	5	4	4	3	3
4	3	5	4	3	5	5	3	3	4
5	3	4	5	4	5	4	4	4	3
6	3	4	4	4	5	4	4	3	3
7	3	4	4	5	5	3	5	3	5
8	3	4	5	4	4	5	3	4	3
9	3	5	4	4	5	4	4	3	3
10	4	5	5	3	3	5	3	3	3
11	3	5	4	4	5	4	4	3	4
12	3	4	4	4	5	4	3	3	3
13	3	5	5	3	5	5	3	3	4
14	3	4	4	4	5	5	5	3	5
15	3	4	4	4	5	5	3	4	3
平均	3.13	4.33	4.33	3.87	4.80	4.27	3.67	3.27	3.60

（2）废水减排技术专家赋值见表 2.10～表 2.14。

表 2.10　15 名专家废碱液回收技术的评估情况

专家＼指标	工艺技术			经济效益			资源能源消耗		污染控制	
	先进性	成熟性	稳定性	投资成本	运行成本	经济效益	取水指标	能耗指标	废水控制效果	固废控制效果
1	3	5	5	4	4	5	3	4	5	3
2	4	5	4	3	4	4	3	3	5	3
3	3	5	5	4	3	5	3	4	5	3
4	3	5	5	4	4	5	3	4	5	2
5	3	5	5	4	4	5	3	3	5	3
6	3	5	5	4	4	4	4	4	5	3
7	3	4	5	5	3	5	3	4	4	3
8	3	5	5	4	4	5	3	5	5	3
9	3	5	5	4	4	5	4	4	5	4
10	3	5	5	4	4	5	3	4	5	3
11	4	5	4	5	4	5	3	4	3	3
12	3	5	5	4	4	4	3	4	5	3
13	3	5	5	4	5	5	3	5	5	4
14	3	5	5	4	4	5	3	4	5	3
15	3	5	5	4	4	5	3	4	5	3
平均	3.13	4.93	4.87	4.07	3.93	4.80	3.13	4.00	4.80	3.07

表 2.11　15 名专家弱麦汁回收技术的评估情况

指标 专家	工艺技术			经济效益			资源能源消耗		污染控制	
	先进性	成熟性	稳定性	投资成本	运行成本	经济效益	取水指标	能耗指标	废水控制效果	固废控制效果
1	3	5	5	4	5	4	3	4	5	4
2	3	5	5	4	3	5	3	4	4	4
3	3	4	5	4	5	4	3	3	5	5
4	3	5	5	5	5	4	3	4	5	4
5	4	5	5	4	4	4	3	4	5	4
6	3	5	5	4	5	4	4	4	5	4
7	3	4	5	5	5	4	3	4	5	4
8	3	5	5	4	5	3	3	4	4	5
9	4	5	4	4	5	4	3	5	5	4
10	3	5	5	4	5	4	3	3	5	4
11	3	5	5	4	5	4	4	5	5	3
12	3	5	5	3	5	5	3	4	5	4
13	3	5	5	4	5	4	3	4	4	5
14	3	5	5	4	5	4	3	4	5	4
15	4	5	5	4	5	4	3	4	5	4
平均	3.20	4.87	4.93	4.07	4.80	4.07	3.13	4.00	4.80	4.13

表 2.12　15 名专家残酒回收技术的评估情况

指标 专家	工艺技术			经济效益			资源能源消耗		污染控制	
	先进性	成熟性	稳定性	投资成本	运行成本	经济效益	取水指标	能耗指标	废水控制效果	固废控制效果
1	3	5	5	4	5	4	3	4	5	3
2	3	5	5	4	5	4	3	4	3	5
3	3	5	4	5	4	3	4	4	5	3
4	4	5	5	4	5	4	3	3	5	3
5	3	3	5	4	5	4	3	4	5	3
6	3	5	5	4	5	4	4	4	5	3
7	3	5	5	5	5	3	3	4	5	4
8	3	5	5	4	5	4	3	4	5	3
9	3	5	5	4	4	4	3	3	5	3
10	4	5	4	4	5	4	3	4	4	3
11	3	5	5	4	5	4	3	5	5	4
12	3	5	5	3	5	4	2	4	5	3
13	3	5	5	4	5	5	3	5	4	3
14	3	4	5	4	3	4	3	4	5	2
15	3	5	5	4	5	4	3	4	5	3
平均	3.20	4.80	4.87	4.07	4.73	3.93	3.07	4.00	4.73	3.20

表 2.13　15 名专家热凝固物回收技术的评估情况

专家＼指标	工艺技术			经济效益			资源能源消耗		污染控制	
	先进性	成熟性	稳定性	投资成本	运行成本	经济效益	取水指标	能耗指标	废水控制效果	固废控制效果
1	3	5	5	4	4	3	3	4	5	4
2	3	5	5	4	4	3	3	4	5	5
3	3	5	5	3	4	4	3	5	3	4
4	4	5	3	4	4	4	3	4	5	4
5	3	5	5	4	5	4	4	4	5	4
6	3	4	5	3	4	3	3	4	5	4
7	3	5	5	4	4	4	4	3	5	4
8	3	5	5	4	3	4	3	4	4	2
9	4	5	5	4	4	4	3	4	5	5
10	3	5	5	4	4	4	3	4	5	4
11	3	5	4	4	4	5	2	5	5	4
12	3	5	5	4	4	4	3	4	5	4
13	3	4	5	5	4	4	3	4	3	3
14	3	5	5	4	5	5	3	4	5	4
15	3	5	5	4	4	4	3	4	5	4
平均	3.13	4.87	4.80	3.93	4.07	3.93	3.07	4.07	4.67	3.93

表 2.14　15 名专家对干排糟技术的评估情况

专家＼指标	工艺技术			经济效益			资源能源消耗		污染控制	
	先进性	成熟性	稳定性	投资成本	运行成本	经济效益	取水指标	能耗指标	废水控制效果	固废控制效果
1	5	5	4	3	3	4	4	4	4	5
2	5	5	4	3	2	4	4	4	4	5
3	5	5	5	2	3	4	5	4	5	5
4	5	5	4	3	3	3	4	3	4	5
5	5	4	4	3	3	4	4	4	4	5
6	5	5	4	3	4	4	5	4	4	4
7	5	5	4	4	3	3	4	4	3	5
8	5	5	4	3	3	4	4	4	4	5
9	5	4	4	3	3	4	4	4	4	5
10	5	5	4	3	3	4	4	4	4	5
11	5	5	5	3	3	5	4	4	4	5
12	5	5	4	3	4	4	4	4	4	5
13	5	5	4	3	3	4	3	4	5	5
14	5	5	4	2	3	3	4	3	4	5
15	5	5	5	3	3	4	4	4	4	5
平均	5.00	4.87	4.20	2.93	3.07	3.87	4.07	3.87	4.07	4.93

（3）固废减排技术专家赋值见表 2.15～表 2.20。

表 2.15　15 名专家对错流膜过滤技术的评估情况

指标 专家	工艺技术			经济效益			资源能源消耗		污染防治	
	先进性	成熟性	稳定性	投资成本	运行成本	经济效益	能耗指标	废水控制效果	固废控制效果	资源利用率
1	5	3	3	2	3	5	4	2	5	1
2	5	3	3	2	3	4	3	2	5	1
3	5	3	3	2	4	5	4	3	4	1
4	5	4	3	3	3	5	4	2	5	1
5	5	3	3	2	3	5	3	1	5	2
6	5	3	2	2	4	4	4	2	3	1
7	5	3	3	3	3	5	4	2	5	1
8	4	3	3	2	3	5	4	3	5	1
9	5	3	3	2	3	5	4	3	5	2
10	5	3	4	2	3	5	4	2	5	1
11	5	3	3	2	3	5	4	2	4	1
12	4	4	2	1	3	4	4	3	5	1
13	5	3	3	2	5	5	5	2	3	2
14	5	4	3	2	3	5	4	3	5	1
15	5	3	3	2	3	5	4	2	5	1
平均	4.87	3.20	2.93	2.07	3.27	4.80	3.93	2.27	4.60	1.20

表 2.16　15 名专家对废酵母回收生产饲料深加工技术的评估情况

指标 专家	工艺技术			经济效益			资源能源消耗		污染防治	
	先进性	成熟性	稳定性	投资成本	运行成本	经济效益	能耗指标	废水控制效果	固废控制效果	资源利用率
1	3	5	5	3	3	5	3	5	5	5
2	3	5	4	3	3	5	2	3	5	5
3	3	4	5	3	3	5	4	4	5	5
4	4	5	5	4	3	4	3	3	4	5
5	3	5	5	3	4	5	3	2	5	5
6	3	5	5	3	3	5	4	5	4	5
7	3	4	5	2	3	4	3	4	5	5
8	3	5	4	3	3	5	4	4	5	4
9	4	5	5	3	3	5	3	4	5	5
10	3	5	5	3	3	5	3	3	5	5
11	3	5	5	4	3	4	3	2	5	5
12	2	5	5	3	3	5	4	5	4	4
13	3	5	5	3	3	5	3	5	5	5
14	3	5	4	2	4	5	2	4	5	5
15	3	5	5	3	3	5	3	3	5	5
平均	3.07	4.87	4.80	3.00	3.13	4.80	3.13	3.73	4.80	4.87

表 2.17　15 名专家对废酵母回收核苷酸技术的评估情况

专家＼指标	工艺技术			经济效益			资源能源消耗		污染防治	
	先进性	成熟性	稳定性	投资成本	运行成本	经济效益	能耗指标	废水控制效果	固废控制效果	资源利用率
1	4	3	3	2	3	5	3	4	3	4
2	5	3	3	2	3	5	2	3	3	4
3	5	2	3	3	3	5	2	4	3	4
4	5	3	3	1	3	4	3	3	4	4
5	4	3	3	2	4	5	3	2	3	4
6	4	3	3	2	3	5	2	4	4	3
7	4	2	4	3	2	4	3	4	3	4
8	4	2	4	2	3	4	2	4	3	3
9	4	2	4	3	3	5	3	4	3	4
10	5	2	3	3	3	5	3	3	3	4
11	4	2	3	2	2	4	3	2	5	4
12	5	3	3	3	3	5	2	4	4	3
13	3	3	2	3	3	4	3	4	3	4
14	5	2	3	2	2	5	2	4	3	4
15	4	3	2	3	3	4	3	3	3	4
平均	4.33	2.53	3.07	1.00	2.87	4.60	2.60	3.47	3.33	3.80

表 2.18　15 名专家对麦糟干燥生产饲料技术的评估情况

专家＼指标	工艺技术			经济效益			资源能源消耗		污染防治	
	先进性	成熟性	稳定性	投资成本	运行成本	经济效益	能耗指标	废水控制效果	固废控制效果	资源利用率
1	4	5	5	2	3	5	3	3	5	5
2	3	5	5	3	4	4	3	4	5	5
3	4	5	5	3	4	3	4	3	4	5
4	3	5	4	5	4	4	3	5	5	4
5	2	5	5	3	4	4	3	4	5	5
6	3	5	5	3	4	5	5	5	5	5
7	3	4	5	3	4	5	3	3	5	5
8	4	5	3	4	3	4	4	5	5	5
9	3	5	5	3	4	5	3	3	5	5
10	3	5	5	3	4	5	3	3	5	5
11	2	5	5	3	4	4	3	5	4	5
12	3	5	5	2	5	3	3	3	5	4
13	3	4	4	3	4	4	2	4	5	5
14	4	4	5	4	4	5	3	2	4	5
15	3	5	5	3	2	5	4	3	5	5
平均	3.20	4.80	4.73	3.13	3.80	4.33	3.27	3.67	4.80	4.87

表 2.19　15 名专家对湿麦糟生产饲料技术的评估情况

专家＼指标	工艺技术			经济效益			资源能源消耗		污染防治	
	先进性	成熟性	稳定性	投资成本	运行成本	经济效益	能耗指标	废水控制效果	固废控制效果	资源利用率
1	1	4	3	4	3	2	3	2	4	4
2	1	4	3	4	5	2	4	3	4	4
3	1	4	3	4	5	2	5	2	4	4
4	1	4	3	5	5	2	3	3	5	4
5	1	4	3	4	4	2	3	2	4	4
6	1	4	3	4	5	2	5	2	5	3
7	1	4	4	5	4	2	3	2	4	4
8	1	4	4	4	5	2	5	2	4	3
9	1	3	4	4	5	2	3	2	4	4
10	1	3	3	4	5	2	3	3	4	4
11	1	4	3	2	4	2	3	2	5	4
12	1	4	3	5	5	2	5	2	4	3
13	1	4	2	5	5	2	3	2	4	4
14	1	4	3	4	4	2	5	2	4	4
15	1	4	2	4	5	4	3	3	4	4
平均	1.00	3.87	3.07	4.13	4.60	2.13	3.73	2.27	4.20	3.80

表 2.20　15 名专家对废硅藻土回收利用技术的评估情况

专家＼指标	工艺技术			经济效益			资源能源消耗		污染防治	
	先进性	成熟性	稳定性	投资成本	运行成本	经济效益	能耗指标	废水控制效果	固废控制效果	资源利用率
1	2	5	5	4	4	2	4	3	5	5
2	1	5	4	4	3	2	4	3	5	4
3	3	5	5	5	4	2	5	4	5	5
4	2	4	5	4	5	3	4	4	5	5
5	2	5	5	4	4	1	3	3	5	5
6	2	5	5	4	4	2	4	3	5	4
7	3	5	5	4	5	2	4	3	5	4
8	2	4	5	3	4	2	4	2	4	5
9	2	5	5	4	4	2	5	3	5	5
10	2	5	5	4	4	4	4	4	5	5
11	2	5	4	4	4	2	3	4	5	5
12	2	5	5	4	3	2	4	3	4	5
13	3	4	5	4	4	2	5	4	5	4
14	2	5	5	5	2	3	4	3	4	5
15	1	5	5	4	4	2	3	3	5	5
平均	2.07	4.80	4.87	4.07	3.87	2.20	4.00	3.27	4.80	4.73

（4）废气减排技术专家赋值见表 2.21～表 2.24。

表 2.21 15 名专家对 CO_2 回收利用技术的评估情况

专家＼指标	工艺技术			经济效益			资源能源消耗	污染控制
	先进性	成熟性	稳定性	投资成本	运行成本	经济效益	能耗指标	废气控制效果
1	3	5	5	3	3	4	3	5
2	3	5	4	2	3	4	2	5
3	3	4	5	3	3	3	4	4
4	4	5	3	4	3	5	3	5
5	3	5	5	3	4	4	3	5
6	3	5	5	3	3	4	4	5
7	2	4	5	2	3	4	3	5
8	3	5	4	3	3	4	4	5
9	4	5	5	3	2	4	3	4
10	3	5	5	3	3	5	2	5
11	3	5	5	4	3	4	3	5
12	2	5	5	3	5	4	4	4
13	3	3	5	3	3	2	3	5
14	3	5	4	2	4	4	2	5
15	3	5	5	3	3	4	3	5
平均	3.00	4.73	4.67	2.93	3.20	3.93	3.07	4.80

表 2.22 15 名专家对沼气引入锅炉燃烧技术的评估情况

专家＼指标	工艺技术			经济效益			资源能源消耗	污染控制
	先进性	成熟性	稳定性	投资成本	运行成本	经济效益	能耗指标	废气控制效果
1	3	3	3	3	4	3	3	2
2	3	4	3	2	3	4	3	3
3	3	3	4	3	4	3	4	2
4	3	5	3	2	4	3	3	2
5	3	3	5	3	3	4	3	2
6	3	3	3	2	4	3	4	2
7	3	3	3	2	4	3	3	3
8	3	4	4	3	3	3	4	2
9	3	3	3	3	4	3	4	2
10	3	3	3	2	3	3	3	2
11	4	4	5	3	4	3	4	2
12	3	4	3	2	3	3	3	5
13	3	3	4	3	4	3	4	2
14	3	5	3	3	3	4	3	2
15	5	3	3	3	4	3	3	2
平均	3.20	3.53	3.47	2.60	3.60	3.20	3.40	2.33

表 2.23　15 名专家对沼气热风干燥技术的评估情况

专家＼指标	工艺技术			经济效益			资源能源消耗	污染控制
	先进性	成熟性	稳定性	投资成本	运行成本	经济效益	能耗指标	废气控制效果
1	3	5	5	3	4	3	3	5
2	3	4	5	4	5	4	3	4
3	3	5	4	3	4	3	4	5
4	4	4	5	4	4	3	3	5
5	3	4	4	3	5	4	3	5
6	3	5	5	4	4	3	4	5
7	4	4	5	4	4	3	3	4
8	3	4	4	3	5	3	4	5
9	3	5	5	3	4	3	4	5
10	3	5	5	4	5	3	3	5
11	4	4	4	3	4	3	4	5
12	3	4	5	4	5	3	3	5
13	4	5	4	3	4	3	4	5
14	4	5	5	4	5	4	3	5
15	3	5	5	3	4	3	3	5
平均	3.33	4.53	4.67	3.47	4.40	3.20	3.40	4.87

表 2.24　15 名专家对沼气发电与制冷技术的评估情况

专家＼指标	工艺技术			经济效益			资源能源消耗	污染控制
	先进性	成熟性	稳定性	投资成本	运行成本	经济效益	能耗指标	废气控制效果
1	5	3	3	3	4	4	3	5
2	5	2	3	4	3	5	3	4
3	5	3	4	3	4	5	4	5
4	5	5	3	4	4	5	3	5
5	5	3	5	3	5	4	3	5
6	5	3	3	4	4	5	4	5
7	5	3	3	2	4	5	3	4
8	5	4	4	5	5	5	4	5
9	5	3	3	3	4	5	4	5
10	5	3	3	4	5	5	3	5
11	4	4	5	3	4	5	4	5
12	5	2	3	4	5	5	3	5
13	5	3	4	3	4	5	4	5
14	5	5	3	5	5	4	3	5
15	5	3	3	3	4	5	3	5
平均	4.93	3.27	3.47	3.53	4.27	4.80	3.40	4.87

（5）废水二次处理技术专家赋值见表 2.25～表 2.35。

表 2.25 15 名专家对水解酸化法的评估情况

指标 专家	工艺技术			经济效益		污染治理
	先进性	成熟性	稳定性	投资成本	运行成本	废气治理效果
1	3	3	4	3	3	3
2	4	4	3	4	2	3
3	3	5	3	3	3	3
4	4	3	2	3	3	4
5	3	4	4	2	3	3
6	2	4	3	3	5	3
7	3	4	4	3	3	2
8	3	4	3	2	2	4
9	3	5	3	3	2	3
10	2	3	3	3	3	5
11	4	3	2	2	3	3
12	3	5	3	3	2	3
13	4	4	3	4	3	2
14	3	3	4	3	3	3
15	2	5	3	3	3	3
平均	3.07	3.93	3.13	2.93	2.87	3.13

表 2.26 15 名专家对升流式厌氧污泥床（UASB）技术的评估情况

指标 专家	工艺技术			经济效益		污染治理
	先进性	成熟性	稳定性	投资成本	运行成本	废气治理效果
1	5	5	5	4	5	5
2	5	5	5	5	3	4
3	5	4	5	5	5	5
4	4	5	5	5	5	5
5	5	5	5	5	5	5
6	5	5	5	4	5	5
7	5	4	5	5	5	5
8	5	5	5	4	5	4
9	5	5	4	5	5	5
10	5	5	5	4	5	5
11	4	5	5	4	5	5
12	5	5	5	3	5	5
13	5	5	5	5	5	4
14	5	5	5	4	5	5
15	4	5	5	5	5	5
平均	4.80	4.87	4.93	4.47	4.87	4.80

表 2.27　15 名专家对气提式内循环厌氧反应器（IC）技术的评估情况

专家＼指标	工艺技术			经济效益		污染治理
	先进性	成熟性	稳定性	投资成本	运行成本	废气治理效果
1	3	5	5	4	5	5
2	3	5	5	4	5	3
3	3	5	4	5	4	5
4	5	5	5	4	5	5
5	3	3	5	4	5	5
6	3	5	5	5	5	5
7	3	5	5	5	5	5
8	3	5	5	4	5	5
9	3	5	5	4	4	5
10	4	5	4	4	5	4
11	3	5	5	4	5	5
12	3	5	5	3	5	5
13	3	5	5	4	5	4
14	3	4	5	4	3	5
15	3	5	5	4	5	5
平均	3.20	4.80	4.87	4.13	4.73	4.73

表 2.28　15 名专家对厌氧颗粒污泥膨胀床（EGSB）技术的评估情况

专家＼指标	工艺技术			经济效益		污染治理
	先进性	成熟性	稳定性	投资成本	运行成本	废气治理效果
1	3	5	4	4	4	5
2	3	5	4	4	4	4
3	3	5	5	3	4	3
4	4	5	4	4	4	5
5	3	5	4	4	5	5
6	3	4	4	3	4	4
7	3	5	3	4	4	5
8	3	4	4	4	3	4
9	4	5	4	4	4	5
10	3	5	3	3	4	5
11	3	5	4	4	4	4
12	3	5	3	4	4	4
13	3	4	4	3	4	4
14	3	5	4	4	5	5
15	3	5	3	4	4	5
平均	3.13	4.80	3.80	3.73	4.07	4.47

表 2.29　15 名专家对兼氧生物膜技术的评估情况

专家＼指标	工艺技术			经济效益		污染治理
	先进性	成熟性	稳定性	投资成本	运行成本	废气治理效果
1	5	5	5	5	5	5
2	5	5	4	5	5	5
3	5	5	5	5	5	5
4	5	5	5	5	5	5
5	5	4	5	5	5	5
6	5	5	5	4	5	5
7	5	4	5	5	5	5
8	5	5	5	5	5	5
9	5	4	5	5	4	5
10	5	5	5	4	5	5
11	5	5	5	5	5	4
12	5	5	5	5	5	5
13	5	5	5	5	4	5
14	5	5	5	5	5	5
15	5	5	5	5	5	5
平均	5.00	4.80	4.93	4.87	4.87	4.93

表 2.30　15 名专家对缺氧/好氧法（A/O）技术的评估情况

专家＼指标	工艺技术			经济效益		污染治理
	先进性	成熟性	稳定性	投资成本	运行成本	废气治理效果
1	5	5	4	3	3	4
2	5	5	3	3	2	4
3	4	5	5	2	3	5
4	5	5	4	3	2	4
5	4	4	4	3	4	4
6	3	5	4	3	2	4
7	3	5	2	4	3	3
8	5	5	3	3	3	4
9	5	4	4	3	3	4
10	5	2	4	4	4	4
11	4	5	5	2	4	4
12	3	5	4	3	4	4
13	3	5	4	4	3	5
14	4	5	4	2	3	4
15	5	5	5	3	3	4
平均	4.20	4.67	3.93	3.00	3.07	4.07

表 2.31 15 名专家对序批式活性污泥法（SBR）及其变形技术的评估情况

指标 / 专家	工艺技术			经济效益		污染治理
	先进性	成熟性	稳定性	投资成本	运行成本	废气治理效果
1	5	5	4	3	3	4
2	5	5	4	3	5	4
3	3	5	5	2	4	5
4	4	5	4	3	3	4
5	5	4	4	5	5	4
6	4	5	4	3	4	4
7	4	4	4	4	3	3
8	3	5	4	3	3	4
9	5	4	5	4	4	4
10	5	5	4	3	5	4
11	4	5	5	3	3	5
12	5	5	4	5	4	4
13	3	4	5	4	3	5
14	5	5	4	2	3	4
15	5	5	5	3	3	4
平均	4.33	4.73	4.33	3.33	3.67	4.13

表 2.32 15 名专家对氧化沟技术的评估情况

指标 / 专家	工艺技术			经济效益		污染治理
	先进性	成熟性	稳定性	投资成本	运行成本	废气治理效果
1	3	4	4	3	3	4
2	4	4	4	3	2	3
3	3	3	5	2	2	5
4	3	3	4	2	3	3
5	2	4	3	3	3	3
6	3	2	3	3	4	4
7	2	4	4	4	3	3
8	4	4	2	3	3	3
9	4	4	4	2	2	2
10	3	4	4	3	3	3
11	2	2	5	3	2	4
12	4	2	4	3	4	3
13	3	3	4	3	3	3
14	4	4	4	2	2	4
15	4	4	5	3	3	4
平均	3.20	3.40	3.93	2.80	2.80	3.40

表 2.33 15 名专家对深井曝气技术的评估情况

专家＼指标	工艺技术			经济效益		污染治理
	先进性	成熟性	稳定性	投资成本	运行成本	废气治理效果
1	2	3	2	3	3	3
2	2	2	3	3	2	1
3	3	3	2	2	2	2
4	2	2	3	3	3	3
5	3	3	2	3	3	2
6	2	2	2	2	4	3
7	2	3	3	4	3	2
8	3	3	3	2	2	2
9	3	3	2	3	3	3
10	2	2	3	2	3	2
11	2	3	3	3	3	3
12	2	3	2	3	4	1
13	2	2	2	3	3	2
14	3	3	2	2	3	1
15	2	3	3	3	3	3
平均	2.33	2.67	2.47	2.73	2.93	2.20

表 2.34 15 名专家对膜生物反应器技术的评估情况

专家＼指标	工艺技术			经济效益		污染治理
	先进性	成熟性	稳定性	投资成本	运行成本	废气治理效果
1	5	5	5	5	5	5
2	5	5	4	5	5	5
3	5	5	5	5	4	4
4	5	5	4	5	4	5
5	5	4	5	4	5	4
6	5	5	5	4	5	5
7	5	4	4	5	4	5
8	5	5	5	4	5	4
9	5	4	5	5	4	5
10	5	5	4	4	5	5
11	5	5	5	5	5	4
12	5	4	4	5	4	5
13	5	4	5	4	4	5
14	5	5	4	4	4	5
15	5	4	5	5	5	5
平均	5.00	4.60	4.60	4.60	4.53	4.73

表 2.35　15 名专家对生物接触氧化技术的评估情况

专家 \ 指标	工艺技术			经济效益		污染治理
	先进性	成熟性	稳定性	投资成本	运行成本	废气治理效果
1	2	3	4	3	3	3
2	3	2	3	3	2	3
3	4	3	3	4	4	4
4	2	3	4	3	3	3
5	4	3	2	3	2	3
6	4	3	2	3	4	3
7	2	2	3	4	2	3
8	2	4	4	4	3	3
9	2	3	3	3	3	3
10	2	3	4	2	3	3
11	4	2	3	3	3	3
12	2	3	3	3	4	3
13	3	3	3	3	3	4
14	2	3	3	2	3	3
15	2	5	3	3	3	3
平均	2.67	3.00	3.13	3.07	3.00	3.13

（6）废水深度处理技术专家赋值见表 2.36～表 2.41。

表 2.36　15 名专家对混凝+气浮/沉淀技术的评估情况

专家 \ 指标	工艺技术			经济效益		污染治理	
	先进性	成熟性	稳定性	投资成本	运行成本	废气治理效果	综合利用率
1	1	3	3	3	3	2	3
2	2	3	2	3	4	2	2
3	2	2	2	1	3	—	2
4	2	4	3	4	3	—	3
5	4	3	2	2	2	2	3
6	2	2	3	3	3	2	1
7	1	3	1	1	3	2	3
8	3	3	1	3	4	2	3
9	2	3	3	2	3	2	2
10	2	3	3	3	3	2	3
11	2	3	2	2	3	2	3
12	1	3	4	3	2	2	3
13	4	3	4	3	3	2	3
14	2	3	1	2	2	2	2
15	2	2	22	3	2	2	2
平均	2.13	2.87	3.73	2.53	2.87	2.00	2.53

表 2.37 15 名专家对混凝+气浮+吸附/过滤技术的评估情况

专家＼指标	工艺技术			经济效益		污染治理	
	先进性	成熟性	稳定性	投资成本	运行成本	废气治理效果	综合利用率
1	3	3	4	2	3	3	3
2	4	4	4	3	4	4	3
3	3	3	4	2	4	3	4
4	3	3	4	5	2	3	4
5	2	3	4	4	3	4	2
6	4	3	3	3	4	3	3
7	3	4	4	3	4	3	3
8	3	2	3	4	3	2	2
9	3	3	4	3	3	3	3
10	3	3	4	2	4	3	3
11	3	3	3	4	4	3	4
12	3	3	4	2	3	3	4
13	2	3	4	2	2	2	3
14	3	4	2	4	4	4	3
15	3	3	4	3	2	3	2
平均	3.00	3.13	3.67	3.07	3.27	3.07	3.07

表 2.38 15 名专家对化学除磷技术的评估情况

专家＼指标	工艺技术			经济效益		污染治理	
	先进性	成熟性	稳定性	投资成本	运行成本	废气治理效果	综合利用率
1	5	5	5	4	4	3	5
2	4	4	4	4	3	3	4
3	5	5	5	5	4	4	4
4	5	4	5	5	5	5	5
5	4	5	4	4	4	3	5
6	4	5	5	4	4	3	4
7	5	5	4	4	5	3	5
8	5	4	5	3	4	2	4
9	5	5	5	4	5	3	5
10	5	5	4	5	4	4	4
11	4	5	4	4	4	4	5
12	4	5	5	4	5	5	4
13	4	4	4	4	5	4	5
14	5	5	4	5	5	3	5
15	5	5	5	4	4	3	5
平均	4.60	4.73	4.53	4.20	4.33	3.47	4.60

表 2.39 15 名专家对过滤+膜分离技术的评估情况

专家＼指标	工艺技术			经济效益		污染治理	
	先进性	成熟性	稳定性	投资成本	运行成本	废气治理效果	综合利用率
1	5	5	5	4	4	5	5
2	5	5	4	4	3	5	5
3	5	5	5	5	4	5	5
4	5	4	5	4	5	4	5
5	4	5	5	5	4	3	5
6	5	5	5	5	5	3	5
7	5	4	5	4	5	4	5
8	5	4	5	5	5	5	4
9	5	5	5	5	5	3	5
10	5	5	5	4	5	4	5
11	5	5	4	5	4	4	5
12	4	5	5	4	5	5	4
13	5	4	5	5	5	5	5
14	5	5	5	5	5	4	4
15	4	5	5	5	5	5	5
平均	4.80	4.73	5.00	4.60	4.60	4.27	4.80

表 2.40 15 名专家对投加高效生物酶和生物菌剂技术的评估情况

专家＼指标	工艺技术			经济效益		污染治理	
	先进性	成熟性	稳定性	投资成本	运行成本	废气治理效果	综合利用率
1	2	3	3	2	2	2	2
2	1	3	3	2	2	2	2
3	2	1	3	2	2	3	2
4	3	4	3	3	2	2	1
5	1	3	3	2	2	1	3
6	3	2	2	2	2	2	3
7	2	3	3	1	2	2	1
8	2	3	3	2	2	3	2
9	1	1	2	2	2	3	2
10	2	3	4	2	2	2	3
11	2	3	1	2	2	1	2
12	2	4	1	1	2	1	2
13	3	3	3	2	2	2	1
14	2	1	3	2	2	3	2
15	1	3	3	2	2	1	1
平均	1.93	2.67	2.67	1.93	2.00	2.00	1.93

表 2.41 15 名专家对曝气生物滤池（BAF）技术的评估情况

专家＼指标	工艺技术			经济效益		污染治理	
	先进性	成熟性	稳定性	投资成本	运行成本	治理效果	综合利用率
1	2	5	5	4	4	3	5
2	1	5	4	4	3	3	5
3	3	5	5	5	4	4	5
4	2	4	5	4	5	4	5
5	2	5	5	4	4	3	5
6	2	5	5	4	4	3	5
7	3	5	5	4	5	3	5
8	2	4	5	3	4	2	4
9	2	5	5	4	4	3	5
10	2	5	5	4	4	4	5
11	2	5	4	4	4	4	5
12	2	5	5	4	3	3	4
13	3	4	5	4	4	4	5
14	2	5	5	5	2	3	4
15	1	5	5	4	4	3	5
平均	2.07	4.80	4.87	4.07	3.87	3.27	4.80

（7）恶臭处理技术专家赋值见表 2.42～表 2.45。

表 2.42 15 名专家对生物法除臭技术的评估情况

专家＼指标	工艺技术			经济效益		污染治理	
	先进性	成熟性	稳定性	投资成本	运行成本	废气治理效果	综合利用率
1	5	4	5	4	4	5	5
2	4	5	4	3	3	5	4
3	5	4	5	5	5	5	4
4	5	5	3	3	4	3	4
5	5	5	5	4	5	5	5
6	5	5	5	5	3	5	5
7	4	4	5	5	4	5	5
8	3	5	5	3	5	4	5
9	5	5	5	5	3	5	4
10	5	5	5	4	4	4	5
11	5	5	5	4	4	5	5
12	4	5	5	5	3	5	4
13	5	3	5	3	3	5	5
14	4	5	4	4	4	5	5
15	5	5	5	4	4	5	5
平均	4.60	4.67	4.73	4.07	3.87	4.73	4.67

表 2.43 15 名专家对高级氧化法除臭技术的评估情况

指标 专家	工艺技术			经济效益		污染治理	
	先进性	成熟性	稳定性	投资成本	运行成本	废气治理效果	综合利用率
1	4	3	4	3	4	2	4
2	3	2	3	4	3	3	2
3	4	3	2	2	4	4	4
4	3	5	3	4	4	3	4
5	5	3	5	3	5	3	3
6	4	3	3	4	4	4	3
7	4	3	3	2	4	3	4
8	4	2	2	5	5	4	4
9	5	3	3	2	4	2	4
10	2	3	3	4	2	2	4
11	4	2	5	3	4	4	3
12	5	2	2	4	2	3	2
13	4	3	4	3	2	4	4
14	2	5	3	5	5	3	2
15	3	3	3	3	4	3	5
平均	3.73	3.00	3.20	3.40	3.73	3.13	3.47

表 2.44 15 名专家对吸附法除臭技术的评估情况

指标 专家	工艺技术			经济效益		污染治理	
	先进性	成熟性	稳定性	投资成本	运行成本	废气治理效果	综合利用率
1	3	3	3	3	4	3	2
2	2	2	3	4	3	2	1
3	2	3	4	3	4	1	3
4	3	5	3	4	2	2	2
5	2	2	5	2	2	3	3
6	3	3	3	2	4	4	2
7	2	3	3	2	4	2	2
8	3	4	4	5	5	4	3
9	3	2	3	3	4	4	3
10	3	3	3	2	5	1	3
11	2	4	5	2	4	4	3
12	3	2	3	4	2	2	1
13	2	3	4	3	2	4	1
14	2	5	3	2	5	3	3
15	2	3	3	3	4	1	2
平均	2.47	3.13	3.47	2.93	3.60	2.67	2.27

表2.45 15名专家对化学法除臭技术的评估情况

专家＼指标	工艺技术			经济效益		污染治理	
	先进性	成熟性	稳定性	投资成本	运行成本	废气治理效果	综合利用率
1	5	4	4	2	3	3	5
2	4	4	4	3	4	3	4
3	5	4	3	3	4	4	5
4	5	5	4	4	3	5	5
5	5	4	4	3	4	3	5
6	5	4	5	3	5	5	5
7	5	5	5	3	5	3	5
8	5	5	3	5	5	5	5
9	4	5	4	3	4	5	4
10	5	4	4	3	2	3	5
11	5	3	4	5	5	3	5
12	5	5	3	2	5	5	5
13	4	4	4	3	3	2	5
14	5	5	4	4	4	3	5
15	5	4	5	3	2	5	5
平均	4.80	4.33	4.00	3.27	3.87	3.80	4.87

（8）污泥无害化处理处置技术专家赋值见表2.46～表2.51。

表2.46 15名专家对污泥浓缩机浓缩技术的评估情况

专家＼指标	工艺技术			经济效益		污染控制
	先进性	实用性	可靠性	投资成本	运行成本	固废治理效果
1	5	5	5	5	5	5
2	5	5	5	5	5	5
3	5	4	4	4	5	5
4	4	5	5	5	4	5
5	3	4	5	5	5	4
6	2	5	3	5	5	5
7	4	5	5	5	5	4
8	5	2	5	4	5	5
9	5	4	5	5	5	5
10	3	2	5	4	4	4
11	4	5	4	5	4	5
12	5	5	5	4	5	5
13	4	5	5	4	5	5
14	5	4	5	5	5	5
15	4	5	5	5	5	5
平均	4.20	4.33	4.73	4.67	4.80	4.80

表 2.47　15 名专家对污泥浓缩池浓缩技术的评估情况

指标 专家	工艺技术			经济效益		污染控制
	先进性	实用性	可靠性	投资成本	运行成本	固废治理效果
1	5	5	4	4	5	3
2	5	2	5	4	3	3
3	5	5	2	3	5	3
4	4	2	3	3	2	5
5	3	5	4	4	5	3
6	4	5	4	4	3	4
7	5	2	4	5	5	3
8	4	2	3	4	2	3
9	2	3	3	4	2	2
10	5	3	5	4	2	3
11	5	5	3	3	3	3
12	4	4	4	4	4	2
13	5	2	5	3	5	3
14	4	2	4	4	5	3
15	5	5	3	4	5	2
平均	4.33	3.47	3.73	3.80	3.73	3.00

表 2.48　15 名专家对污泥带式脱水技术的评估情况

指标 专家	工艺技术			经济效益		污染控制
	先进性	实用性	可靠性	投资成本	运行成本	固废治理效果
1	5	5	4	4	4	5
2	4	5	5	5	5	5
3	5	5	5	5	5	5
4	4	5	5	5	5	5
5	5	4	5	4	5	5
6	5	5	5	5	5	5
7	5	5	4	5	3	5
8	5	5	5	4	5	5
9	5	5	5	5	3	5
10	4	5	5	4	5	5
11	4	5	4	5	5	4
12	5	4	5	5	5	5
13	4	5	5	4	5	4
14	5	4	5	5	5	5
15	5	5	5	4	4	5
平均	4.67	4.80	4.80	4.60	4.60	4.87

表 2.49　15 名专家对污泥真空脱水技术的评估情况

专家＼指标	工艺技术			经济效益		污染控制
	先进性	实用性	可靠性	投资成本	运行成本	固废治理效果
1	5	5	4	4	4	3
2	5	4	4	4	4	4
3	5	4	5	4	3	3
4	4	4	5	3	4	2
5	5	4	4	4	4	5
6	5	3	5	3	4	3
7	4	5	3	4	4	4
8	4	4	4	5	4	3
9	4	4	4	4	3	4
10	4	4	5	3	4	3
11	4	3	4	3	4	3
12	4	4	4	4	4	4
13	5	4	5	3	4	4
14	5	5	3	3	4	4
15	5	5	4	3	4	3
平均	4.53	4.13	4.20	3.60	3.86	3.47

表 2.50　15 名专家对污泥板框脱水技术的评估情况

专家＼指标	工艺技术			经济效益		污染控制
	先进性	实用性	可靠性	投资成本	运行成本	固废治理效果
1	3	4	4	3	3	5
2	3	3	4	4	4	4
3	4	3	3	3	3	4
4	3	4	4	4	5	4
5	4	4	4	4	5	5
6	4	4	3	4	5	4
7	3	3	3	3	3	4
8	3	4	4	4	4	4
9	4	3	4	4	5	5
10	3	4	3	3	4	4
11	4	4	4	4	3	5
12	4	4	4	4	5	4
13	4	3	3	3	4	4
14	3	4	4	3	5	5
15	3	3	4	4	5	4
平均	3.47	3.60	3.67	3.60	4.20	4.33

表 2.51　15 名专家对污泥离心脱水技术的评估情况

指标 专家	工艺技术			经济效益		污染控制
	先进性	实用性	可靠性	投资成本	运行成本	固废治理效果
1	2	3	3	4	4	3
2	4	4	3	3	3	4
3	2	3	4	3	2	4
4	4	3	4	4	4	3
5	2	4	1	4	4	4
6	1	4	3	4	4	4
7	4	3	2	4	4	5
8	2	4	3	3	3	5
9	2	4	3	4	4	3
10	2	4	1	4	3	4
11	2	4	3	4	2	4
12	4	4	2	4	4	3
13	2	3	2	4	2	4
14	1	4	2	3	4	3
15	4	3	3	4	3	2
平均	2.53	3.60	2.60	3.73	3.33	3.67